深圳市育新学校非对称性教育系列成果

乳鸽

烹饪工艺

杨焕亮 主编

编委会

主　编：杨焕亮

参编人员（排名不分先后）：

蔡彦锋　毛武毅　郭芯彤　邓　峰

黄日亮　林　瑶　罗亦湖　屈　姣

SPM 南方传媒　广东科技出版社　全国优秀出版社　· 广 州 ·

图书在版编目（CIP）数据

乳鸽烹饪工艺 / 杨焕亮主编 . —广州：广东科技出版社，2024.9
ISBN 978-7-5359-8247-6

Ⅰ . ①乳… Ⅱ . ①杨… Ⅲ . ① 鸽—烹饪—技术培训—教材 Ⅳ . ① TS972.125.2

中国国家版本馆 CIP 数据核字（2024）第 014337 号

乳鸽烹饪工艺
RUGE PENGREN GONGYI

出 版 人：严奉强
策划编辑：陈定天
责任编辑：刘碧坚
装帧设计：王 勇
责任校对：杨 乐
责任印制：彭海波
出版发行：广东科技出版社
　　　　　（广州市环市东路水荫路 11 号 邮政编码：510075）
销售热线：020-37607413
https://www.gdstp.com.cn
E-mail:gdkjbw@nfcb.com.cn
经 　 销：广东新华发行集团股份有限公司
排 　 版：广东尚文数码科技有限公司
印 　 刷：广州市东盛彩印有限公司
　　　　　（广州市增城区新塘镇上邵村第四社企岗厂房A1 邮政编码：510700）
规 　 格：787 mm×1 092 mm　1/16　印张 7.25　字数 145 千
版 　 次：2024 年 9 月第 1 版
　　　　　2024 年 9 月第 1 次印刷
定 　 价：63.80 元

前　言

　　为了贯彻落实《广东省"粤菜师傅"工程实施方案》的要求，并践行"非对称性"教育理念，深圳市育新学校积极弘扬粤菜文化，着力打造职业教育特色技能，以提升学校的办学特色与内涵，培养具有工匠精神、勇于创新的粤菜师傅。为此，学校以"育新乳鸽"为依托，于2021年5月创办了"乳鸽学院"。

　　光明乳鸽作为深圳三大特产之一，被誉为"光明三宝"之首。深圳市育新学校坐落于深圳市光明区，依托这一知名特色美食，精心研发出了一系列丰富多彩的乳鸽菜品。基于地方特色和实际教学需要，深圳市育新学校组织了一线教师，倾力编写了这部具有鲜明特色的教材。

　　本书共十章，分为三篇章，各篇章内容既有关联，又各自独立。第一篇为"基础理论与技术应用"，涵盖乳鸽认知、烹饪工艺、职业素养与食品安全及烹饪基本功等内容；第二篇为"育新乳鸽烹饪工艺"，详细介绍红烧乳鸽、清水乳鸽、荷香乳鸽、淮山炖鸽、盐焗乳鸽等五种育新乳鸽烹饪工艺；第三篇为"育新乳鸽创新工艺与综合实训"，探索了三种创新乳鸽烹饪工艺，并提供全面的综合实训指南。

　　此外，本书还配套了《乳鸽烹饪工艺综合实训手册》，涵盖了八大模块，全面介绍了育新乳鸽烹饪实训的内容，为学习者提供了详尽的乳鸽烹饪实践指导。

　　本书彰显了职业教育的特色，紧密结合烹饪专业教学的实际需求，强化了实践性教学内容，既注重传统技艺的传承，又鼓励创新思维的融入。通过引入新工艺、新技术与新菜品，使本书具有鲜明的时代特征。本书不仅适用于烹饪工艺与营养专业、酒店管理专业、餐饮管理专业的教学，还可作为烹调技术培训教材及餐饮从业人员的参考用书。

　　在本书的编写过程中，深圳市育新学校给予了高度重视和大力支持。编委会成员多次与烹饪行业专家进行沟通，并邀请专家进行悉心指导。在此，我们向所有参与和支持本书编写工作的同仁表示诚挚的感谢。

　　由于受自身的水平限制，本书在编写过程中难免存在不足之处，恳请广大读者和业内专家不吝赐教，以便我们不断完善和提升。

编　者

2024 年 9 月

目 录
CONTENTS

第一篇　基础知识和技术应用

第二篇 育新乳鸽烹饪工艺

第三篇　育新乳鸽创新工艺及综合实训

附　录

第一篇
基础知识和技术应用

第一章 ｜认识乳鸽及烹饪工艺｜

　　鸽子是一种活泼好动又具有灵性的动物。鸽子有多种颜色，有白色、黑色、灰色，还有花色。鸽子的眼睛圆圆的，红红的眼珠中间有一个黑点，闪闪发光。走起路来，小脑袋一伸一缩，尾巴羽毛翘得很高，像孔雀开屏。鸽子这可亲可爱的形象和机灵温顺的性情，使得人们赋予了它许多美好而亲近的象征意义。

第一节　认识鸽子

一、鸽子从哪里来

（一）鸽子从远古走来

考古学家说，人类食鸽的历史可以追溯到七万年前。有文字记载，周代的中国人已经开始食用鸽子了。鸽子是六禽之一，六禽是指雁、鹑、鷃、雉、鸠、鸽。事实上，六禽之中，鸽最受追捧，有"一鸽顶九鸡"之说，更有"宁吃天上一两，不吃地下半斤"的渲染。尽管如此，有必要说明的是，我们现在餐桌上所见的鸽，其实与古人所说的鸽是两回事。

中国古人所说的鸽是鹁鸽，是人们把野鸽驯化以后用于传递书信的品种，即唐明皇李隆基所说的"飞奴"。另外，中国古人喜欢玩赏鹁鸽，作为玩赏品的鹁鸽以纯白为贵，所以民间又将鹁鸽称为"白鸽"。

一般而言，鹁鸽有 3 种用途，即通信、玩赏和食用。尽管鹁鸽可食用，但由于体小、肉薄和骨硬，主要用途还是集中在通信和玩赏两个方面。只有一小部分人食用，没有形成市场。

（二）鸽子从海外飞来

真正将鸽子作为食材并且形成市场的是欧洲人。

欧洲人喜欢吃鸽子，是因为他们有一种不善飞翔的、被称为 Runt（仑替鸽）的地鸽。仑替鸽因身形大如鸡，肉厚脂少而成为上等的飞禽类食材。西餐的菜单之中就有 Burn Pigeon（烧鸽）这道名菜。

大约在清朝末期，一个叫徐老高的广州人在广州一处英法租界旗昌洋行餐馆中做厨杂，学会了 Burn Pigeon 的做法。后来，徐老高开店制作 Burn Pigeon，经过一番深思熟虑之后，决定将 Burn Pigeon 译成红烧鸽，以区别于中餐的炸鸽。徐老高的创意还表现在选材上，徐老高的 Burn Pigeon 不是选用西餐规定的成年鸽，而是用骨软肉嫩的乳鸽。正是这种创新，诞生了红烧乳鸽这道菜，并且很受食客欢迎。

1915 年，一位擅长养鸽的石岐人看到了这个商机，把亲戚从外国带回来的美国王鸽、仑替鸽和大贺姆鸽与中国的鹁鸽杂交，精心选育出了一种肉质嫩滑、骨质松脆且带有丁香花味的品种——石岐鸽，为乳鸽成为可推广的美食提供了充足的食材。

（三）美食乳鸽在改革创新中产生

红烧乳鸽从西餐菜式转为粤菜品种，则是 1985 年以后的事。1985 年，香港霍英东先生响应国家改革开放的政策，在石岐投资建立了大型的养鸽场，养

殖石岐鸽，可大量供给乳鸽。因为乳鸽营养丰富，所以食用乳鸽成了风潮，人们不断改良乳鸽的烹饪工艺，形成了多种做法和口味，为粤菜菜谱增加了一道道以乳鸽为原料的名菜。

二、鸽子家族

我国现有鸽子的品种较多，绝大多数是根据用途，经过长期人工杂交培育而成的新品种。常见的有如下几种：

石岐鸽

1. 石岐鸽

石岐鸽原产于广东中山石岐，由国外引入肉鸽与中国鸽杂交育成。石岐鸽体重可达 600 克，是我国大型肉鸽品种之一，年产蛋 7~8 窝，4 周龄乳鸽体重可达 300~350 克。石岐鸽的特点是耐粗放饲养，性情温顺，并以肉嫩骨软和味美而著称。

2. 欧洲鸽

欧洲鸽

欧洲鸽由法国克里莫兄弟公司育成；年产鸽蛋 7~8 窝；成年父母代的种鸽，公鸽体重为 700~850 克；母鸽体重为 600~750 克；4 周龄乳鸽体重为 545~610 克。欧洲鸽体形大，胸肌发达，生长快，抗病能力强。

3. 白羽王鸽

白羽王鸽

白羽王鸽年产蛋 8~9 窝，成年种鸽体重为 550~750 克，4 周龄乳鸽体重为 500~580 克。白羽王鸽羽毛洁白，抗病能力较强，生产能力稳定。

4. 银王鸽

银王鸽

银王鸽年产蛋 7~8 窝，成年种鸽体重为 550~700 克，4 周龄乳鸽体重为 500~550 克。银王鸽抗病能力强，生产能力稳定。

5. 王鸽

王鸽原产于美国，成年鸽体重为 750~900 克，大的公鸽可达 1 000 克以上。王鸽繁殖力强，母性较好，在较好的饲养条件下，每年可繁殖乳鸽 8 窝。

王鸽

6. 王鸽 K 种

王鸽 K 种是王鸽的杂交改良品种，羽色众多，生产能力强，周期短，耐粗饲。成年王鸽 K 种体重为 500~750 克。4 周龄乳鸽体重为 500 克左右。

7. 法国地鸽

法国地鸽以喜欢行走而驰名，体形硕大，胸肌发达丰满，体重在 1 000 克左右，最大的可达 1 250 克，繁殖力强，育成率高。

法国地鸽

8. 仑替鸽（鸾鸽）

仑替鸽原产于意大利，是肉鸽品种中最大的一种，体重为 1 200~1 500 克，4 周龄乳鸽体重可达 800 克。繁殖力较强，年产蛋 8~10 窝，但由于体形大，受精率、孵化率低，作为商品乳鸽生产效益不大，优点是可以做培育新品种的种鸽。

仑替鸽

9. 贺姆鸽（大麻坎鸽）

贺姆鸽原产于比利时、英国。美国于 1920 年育成的大贺姆鸽，成年鸽体重可达 1 000 克，4 周龄乳鸽体重为 600 克。年产鸽蛋 5~6 窝。羽毛以纯红为名贵，纯白、纯黄均为上品。

贺姆鸽

10. 红卡奴鸽

红卡奴鸽年产鸽蛋 7~8 窝，成年种鸽体重为 600~750 克，4 周龄乳鸽体重为 500~600 克，容易饲养。

11. 泰森公母子别鸽

泰森公母子别鸽是目前国内唯一一种自别雌雄的肉鸽新品种，乳鸽自出壳 3~4 天，可依毛色

红卡奴鸽

辨别雌雄，雌雄辨别率达98%，每对种鸽平均年产鸽蛋7~8窝，25日龄乳鸽体重为600克。

三、乳鸽在长大

从刚刚孵化出来到4周龄的鸽子都被称为"乳鸽"。这时的鸽子羽毛还未完全长成，不具备飞行能力。当鸽子长到羽毛丰满具备飞行能力时，则被称为"成鸽"。"老鸽"是指鸽龄超过2年的鸽子。

鸽子的成长从一枚蛋的孵化开始。

（1）刚孵化出来的雏鸽约为乒乓球大小，还未睁开眼，但已长满丝质绒毛。

（2）孵化后第6天时的鸽子。已睁开眼，丝质绒毛浓密，体形相当于小孩拳头大小。

（3）孵化后第10天时的鸽子。背和翼开始长出毛钉，即丝质绒毛与毛针参半生长；其他地方仍为丝质绒毛。体形相当于成年人的拳头大小。

（4）孵化后第11天时的乳鸽。胸上也长出毛钉，即胸上丝质绒毛和毛钉参半生长；背上和翼上的丝质绒毛逐渐减少。

（5）孵化后第13天时的乳鸽。头上开始长有毛钉，背上和翼上的毛钉开始萌出羽片，胸上的丝质绒毛开始减少，毛钉逐渐增多。

（6）孵化后第18天时的乳鸽。背、翼都被毛钉萌发出来的羽片覆盖，但胸部和头部仍可见毛钉和丝质绒毛。

（7）孵化后第20天时的乳鸽。胸部的毛钉开始萌出羽片。

（8）孵化后第21天时的乳鸽。胸部被毛钉萌发出来的羽毛覆盖，头上的丝质绒毛减少，毛钉明显增多，颌部长出毛钉。

（9）孵化后第22天时的乳鸽。背上和翼上的羽毛开始贴服，胸部完全被毛钉萌发出来的羽片覆盖，额上的毛钉开始萌出羽毛，眼周开始长出毛钉，脑后还有较多的丝质绒毛。

（10）孵化后第23天时的乳鸽。背上、翼上、胸上的羽毛贴服，可见羽片之间露出丝质绒毛，额上被毛钉萌发出来的羽片覆盖，额、颌、眼周还可见一些新出的毛钉，脑后丝质绒毛明显，背、翼露出的丝质绒毛开始减少，胸部羽片间露出丝质绒毛。

（11）孵化后第 24 天时的乳鸽。全身被羽毛覆盖，可见胸部、头部有丝质绒毛露出，只有嘴喙周边还有毛钉。

（12）孵化后第 26 天时的乳鸽。全身被羽毛覆盖，嘴喙周边毛钉萌出羽片，头颈部羽毛有较多丝质绒毛露出。

（13）孵化后第 29 天时的乳鸽。全身羽毛贴服，还有少量丝质绒毛露出。

（14）孵化 30 天后可以飞翔的，人们习惯称之为成鸽，由于其骨质已经硬化，已不适合做"乳鸽"的原材料。

乳鸽的成长

四、鸽子的习性

鸽子是一种可爱、活泼、好动又具有灵性的动物。顺滑的羽毛，温和的目光，容易让人萌生亲近之情。在通信不发达的古代，人们常借助信鸽来传递信息，说明鸽子具有神奇的记忆力。那么，鸽子都有哪些习性呢？

1. "一夫一妻"的配偶习性

成鸽对配偶是有选择的，一旦配对，公鸽和母鸽总是亲密地生活在一起，共同承担筑巢、孵卵、哺育乳鸽、守卫巢窝等职责。配对后，若一只死亡，另一只需很长时间才会重新寻找新的配偶。

鸽子

2. 鸽子是晚成鸟

刚孵出的鸽子（又称雏鸽），身体软弱，眼睛不能睁开，身上只有一些初生绒毛，不能行走和觅食。亲鸽以嗉囊里的鸽乳哺育雏鸽，需哺育1个月后，鸽子才能独立生活。

3. 以植物种子为主食

肉鸽以玉米、稻谷、小麦、豌豆、绿豆、高粱等为主食，一般没有吃熟食的习惯。在人工饲养条件下，可以将饲料配成全价营养饲料，以保健砂（又称营养泥）为添加剂，再加些维生素，制成直径为3~5毫米的颗粒饲料，以供鸽子食用。

4. 有嗜盐的习性

鸽子的祖先长期生活在海边，常饮海水，故形成了嗜盐的习性。如果鸽子的食料中长期缺盐，会导致鸽子生理机能紊乱。每只成鸽每天需0.2克的盐，但盐分过多会引起中毒。

洗澡的鸽子们

5. 爱清洁、喜高栖

鸽子不喜欢接触粪便和污土，喜欢栖息于栖架、窗台和具有一定高度的巢窝。鸽子十分喜欢洗澡，炎热天气更是如此。

6. 适应性和警觉性强

鸽子抗逆性特别强，对周围环境和生活条件有较强的适应性，在热带、亚热带、温带和寒带均有分布，能在±50℃气温中生活。鸽子具有较强的警觉性，若受天敌（鹰、猫、黄鼠狼、老鼠、蛇等）侵扰，就会发生惊群，极力逃离笼舍，逃出后便不愿再回笼舍栖息。在夜间，鸽舍内的任何异常响声，都会导致鸽群的惊慌和骚乱。

7. 记忆力和归巢性强

群鸽

鸽子记忆力极强，对方位、巢箱以及仔鸽的识别能力尤其强，甚至经过数年的离别，也能辨别方向，飞回原地。对经常接触的饲养人员，鸽子也能建立一定的条件反射，特别是对饲养人员在每次饲喂中的声音和使用的工具有较强的识别能力。

持续一段时间后，鸽子听到这种声音或看到饲喂工具后，就能聚于食器一侧，等待进食。相反，如果饲养员粗暴，经过一段时间后，鸽子一看到这个饲养员就会逃避。

8. 有驭妻习性

鸽子筑巢后，公鸽就开始迫使母鸽在巢内产蛋，如果母鸽离巢，公鸽会不顾一切地追逐，啄赶母鸽归巢，不达目的决不罢休。这种驭妻行为与其多产性能有很大的相关性。

五、鸽子好这一口

经过对鸽子的长期驯化，人们掌握了饲养鸽子的方法，尤其是在现阶段科学饲养技术的支持下，大规模的饲养产业已经成熟。科学的饲料配方保证了鸽子的健康成长。鸽子的饲料主要分为以下几种：

1. 植物蛋白质饲料

植物蛋白质饲料主要有豌豆、蚕豆、绿豆和黑豆等。

2. 动物蛋白质饲料

动物蛋白质饲料常用的有鱼粉、虾粉、血粉、肉骨粉等。

谷物饲料

3. 能量饲料

能量饲料包括玉米、稻谷、大米、小米、高粱、大麦和小麦等碳水化合物饲料及油菜籽、芝麻和花生等脂肪饲料。脂肪饲料在肉鸽长羽期日粮中不可缺少，其用量虽少，但对增强羽毛光泽极为重要。

4. 青绿饲料

青绿饲料常用的有白菜、菠菜、胡萝卜和嫩绿牧草等。这些饲料中含有丰富的叶绿素、胡萝卜素及各种维生素，是肉鸽所需各种维生素的主要来源。

5. 矿物质饲料

矿物质饲料主要有贝壳粉、骨粉、蛋壳粉及微量元素添加剂。这些饲料中含有钙、磷、钾、铁、锌、硫、锰等元素，而这些元素是肉鸽正常生长发育，增强抗病能力必不可少的。

6. 特种饲料

特种饲料包括抗生素、酶制剂等。

小资料：鸽子常用日粮配方

青年鸽日粮配方：豌豆（杂豆）15%、玉米80%、绿豆5%。

育雏种鸽日粮配方：稻谷50%、玉米20%、小麦10%、绿豆（杂豆）20%、火麻仁少量。

保健砂配方：黄泥30%、细沙25%、贝壳粉15%、旧石灰10%、木炭末5%、食盐5%、骨粉10%。

六、鸽子的药食功效

药膳鸽子

中国人以鸽入馔的历史相当悠久，先秦时期便将鸽列为"六禽"之一，与雁、鹑、鹦、雉、鸠并列。遗憾的是，在悠悠的历史长河中以鸽入馔传承下来的不多，倒是以鸽入药的经验流传至今。

中药中有鸽肉、鸽卵（蛋）、鸽血和左盘龙（即鸽屎，因鸽屎向左盘绕成坨而得名）等材料可用于医治常见的疾病。

根据明代李时珍《本草纲目》的介绍，鸽肉："解诸药毒，及人、马久患疥，食之立愈。调精益气，治恶疮疥癣，风瘙白癜，疬风，炒熟酒服。虽益人，食多恐减药力。"鸽卵（蛋）："解疮毒、痘毒。"鸽血："解诸药、百蛊毒。"而左盘龙（鸽屎）："人、马疥疮，炒研敷之。驴、马和草饲之。消肿及腹中痞块。"所以中医师常以绿豆煲老鸽作凉血排毒之用。也就是说，肉鸽有很好的药用价值，其骨、肉均可以入药，能调心、养血、补气，具有防止疾病、消除疲劳、滋补肝肾、补气血、托毒排脓的功效。

现代营养学认为，鸽子肉营养丰富、药用价值高，是高级滋补营养品。鸽子肉质细嫩味美，为血肉品之首。经测定，鸽肉含有17种以上氨基酸，氨基酸总含量高达 53.9%，并且还含有 10 多种微量元素及多种维生素。因此，鸽肉是高蛋白、低脂肪食品。

思考与练习

1. 请讲述一个关于鸽子的故事。

2. 查资料并小组讨论：鸽子有哪些习性？鸽子的药食功效说明中国饮食的传统价值观是什么？

第二节　中餐烹饪的前世今生

一、烹饪的前世今生

自人类出现以来，人类的饮食文明经历了生食、熟食、烹饪 3 个阶段，火的使用、陶器的出现、调味品的发现是烹饪的基本要素，这三者的结合使用便产生了烹饪。

（一）火的使用

考古发现，我国 170 万年前的元谋人遗址和 70 万年至 20 万年以前的北京人遗址，都有用火的痕迹。在灰烬处还发现了烧焦的兽骨，这表明彼时人类已经知道用火来烧烤食物了。火烹是最原始的烹饪方法，即将食物用火直接烧烤至熟。火的使用使人类结束了茹毛饮血的蒙昧时代。从生食到熟食，人类生活进入了一个新文明时期。

元谋人

（二）陶器的出现

考古证明，距今约一万年前，人类已经会使用陶器了，如缸、钵、罐等。后续又出现了陶灶、鼎、甑、釜、鬲等。用陶器煮食物是比较简单的办法，即在陶器中装上水，加入食物，下面烧火煮熟。

河姆渡出土的炊具

陶甑的出现是烹饪史上的又一个显著进步。陶甑的形状多种多样，但所有的甑都有一个结构特点，就是底部有许多孔，这些带有孔的甑起到笼屉的作用，可以认为，这就是最原始的笼屉。将装有食物的陶甑放在陶罐上，罐子里装水，罐子下面生火，水沸产生蒸汽，蒸汽经孔进入甑内并将其中的食物蒸熟。

（三）调味品的发现

我国古代文献记载，距今七八千年前，盐已经是我国古人的调味品了，盐也是人类最早使用的调味品。盐的生产和食用，表明古代人类的饮食进入了真正的烹调时期。同时，陶器的使用也促成了其他调味品的产生，因陶制容器不漏水，耐高温、耐酸、抗腐蚀，因而促成了发酵食物的产生，如醋、酱、酒等调味品的出现。综上所述，火的使用、陶器的出现、调味品的使用，产生了烹饪，不仅中国如此，世界其他文明古国也如此。

烹饪产生以后，人类的生活发生了质的飞跃。烹饪彻底改变了人类茹毛饮血的生活方式，使人与动物有了根本的区别。另外，火与盐的配合使用可以杀菌消毒，增加营养，为人类的体力和智力发育创造了有利的条件。同时，发明烹饪后，人类扩大了食源，鱼虾草籽、飞禽走兽都成了人类的食材，使人类逐渐由山林走向平原，脱离了与兽为伍的环境，开始聚村而居的原始农耕生活。

烹饪是一门工艺，也是一门科学，没有烹饪就没有美食。无论社会如何高速发展，烹饪工艺以及制作出来的美食，总会以不同的姿态与人类的生活形影不离，构成了社会经济发展的核心要素。

烹饪的产生是人类从蒙昧进入文明的界碑，是人类向现代人进化的阶梯，它对促进生产力发展，推动社会进步，具有极其重要的意义。

各式各样的调味品

小资料

　　烹饪学是人们对烹饪这一社会性活动，经过长期实践和研究后形成的专门化、系统化、科学化的知识体系。人类文明发展到今天，人们已逐步认识到烹饪在社会经济生活和文化生活中的重要地位和作用，它关系到人类的体质和健康水平的提高，以及饮食文化生活的丰富，人们越来越迫切地希望自己所生产的食物原料得到最充分和最好的使用，并使烹饪成为一门科学，同时烹饪也是一种美的艺术。很多国家和民族都在长期的生活实践中创造了精湛的烹饪技术和绚丽多彩的饮食文化。

　　中国的烹饪历史悠久，技术精良，饮食文化丰富厚重，是宝贵的人类文化遗产。烹饪文化具有生存性、传承性、地域性、民族性、审美性等特征。

二、中餐烹饪的特点及贡献

　　中国烹饪文化是中国传统文化中的一个重要组成部分。是中华饮食文化的精髓，是中华民族五千多年文明史培育出来的一颗明珠。中国烹饪工艺，随着中华民族的多次融合，逐渐形成了广泛而又多样化的统一，形成了中国的四大菜系、八大菜系、十大菜系和众多的地方特色菜肴、特色点心和风味小吃。中国烹饪文化的博大精深，被世界人民誉为"吃在中国""烹饪王国"。

　　中国菜系与法国菜系、土耳其菜系是世界三大菜系。中国菜肴的理念蕴含着丰富的哲学思想，最根本的内涵就是以食为天、五味调和、医食同源、不时不食等。基于这些思想的影响，数千年来，便形成了中国菜肴显著的特点。

用料广泛

在不违反国家禁令的前提下，天上飞的、海里游的、地上跑的、山里长的，蔬菜瓜果、腌腊制品、风干制品等都可以被中国人制成美食摆上餐桌。

推崇调味

在五味调和思想的指导下，中国烹饪调味遵循内外调和，多种因素兼顾的和合法则，内在因素遵循因人而调和，主要依据个体的口味特点和身体对味觉的需求进行调味；外在因素依据地域环境、季节、事由等进行调味。

注重火候

中国菜肴在烹制过程中非常注重火候的掌握和运用，燃料与传热介质的不同是中国菜肴风味多样、独具特色的重要技术原因之一。火候的大小，以及用时的长短是菜肴能否成功的关键所在。

刀工精湛

中国烹饪的刀工技艺享誉海内外。孔子的"食不厌精，脍不厌细"，是中国烹饪刀工精细的思想准则。中国人把日常烹饪切割中的规格道理纳入个人修身正德的道德规范之中，足见对刀工的重视程度。

工艺复杂

中国烹饪工艺的多样及复杂为世界之最，烹饪工艺是形成菜肴特色的重要手段，在灵活运用常用烹饪工艺的基础上，驾驭烹饪工具，掌握火候大小强弱和时间长短，是做好中国菜肴的基本要求。

追求美感

随着国民经济的发展，中国菜肴在造型设计及器皿上追求美学的配合。不同形状、色泽、质地的器皿被应用到各种主题的宴会中，成为菜肴发展的新主流，使美食与器皿达到完美的和谐统一。

三、中餐烹饪的发展方向

随着人民生活水平的不断提高和中国国际影响力的不断扩大，为满足国内外人民的健康需要，以及容易学习、方便操作的需要，中国烹饪也需要创新发展。中餐烹饪的主要发展方向有以下几个方面：

（一）容易学容易做，使烹饪更容易

中国美食享誉世界，但复杂程度让人望而却步，改良烹饪工艺，用料规范化，操作标准化、流程化，都将有助于学习和操作。

中式菜肴

（二）重视美学设计，使造型更加美丽

菜肴赏心悦目，可增进食欲，提高档次。在用料搭配、菜式摆盘设计和刀工等方面，都有发展及创新的空间。

（三）开拓新型原料，扩大食材来源

通过挖掘自然界新原料来创新菜肴，成为现代餐饮业的热点，尝试新、奇、特原料，如太空食品原料、海洋食品原料、人造与合成食物原料，以及自然界中鲜为人知的食材，使之成为创新菜肴的原料。

（四）突出营养保健，追求药食一体

具有养生保健功效的原料一直是人们健康饮食的追求，尤其是中老年人和特殊人群。绿色有机原料是稳定百姓生活，发展健康饮食的主流。

（五）中西融合互鉴，拓展发展空间

学习借鉴国外的烹饪工艺，引进更多优质原料，包括各种调味品和调味汁，逐渐用于中国菜肴制作，可以拓展中餐的发展空间。

中式茶点

思考与练习

1. 烹饪是人类了不起的创造，对人类自身发展及社会经济发展都有巨大的作用。你的观点呢？

2. 中餐的特点有哪些？你有没有为中餐感到自豪？

3. 小组讨论：你认为，中餐的发展方向有哪些？

第三节　乳鸽的烹饪工艺

乳鸽是一种传统美食，近年来形成了乳鸽美食热，在粤菜中就有 100 多种烹饪方法，很受大众喜爱及美食家青睐。从制作方法来说，大致可以分为：红烧、卤水、清蒸、盐焗、炖等。

乳鸽菜肴

一、红烧乳鸽

中国烹饪中原本没有红烧这种工艺，是一位聪明有心的厨师创造了这个名称和烹饪工艺。

（一）红烧乳鸽第一人

根据史料的记载，一个叫徐老高的广州人在沙面（鸦片战争后广州一处英法租界）旗昌洋行餐馆中做厨杂。聪明好学的他离开洋餐馆之后，凭借着在洋餐馆学到的烹饪技艺做起了小贩，每天担上几斤牛肉到太平沙（广州珠江边一处沙积地）做牛扒售卖。徐老高的牛扒很受欢迎，在积攒了一些资金之后，光绪十一年（1885 年），徐老高在广州太平沙城垣太平更楼附近有了自己的固定摊档，取名"太平馆"。

此后，徐老高继续以牛扒为主，还增加了西式的 Burn Pigeon。肯动脑筋的徐老高，考虑顾客的心理和需要，标新立异，菜牌除了有英文外，还醒目地标注上了中文，把 Burn Pigeon 译成"红烧鸽"，以别于中餐的炸鸽。另外，徐老高还根据中国人口味的特点，在食材上选用了骨软肉嫩的乳鸽，而不是西餐规定的成年鸽，由此大获成功。正是这种创意创新，便有了红烧乳鸽这道名菜。

鸦片战争后的广州珠江　　　　　　　　　红烧乳鸽

（二）红烧乳鸽的烹饪方法

1963 年由广州市饮食服务公司编印的《名西菜点教材》中介绍了太平馆最早期的 Burn Pigeon（红烧鸽）的做法。

用料

选好肥嫩乳鸽 1 只（出生 40 天左右最好），番茄 25 克，洋葱 15 克，味粉 3 克，炸马铃薯 100 克，牛肉汁适量。

制法

先将乳鸽宰洗干净，涂上老抽（深色酱油），放入滚油锅炸熟（10~15 分钟）；上碟后，将洋葱爆香，加番茄、味粉、牛肉汁、老抽等煮成汁，淋在乳鸽上，并伴以炸马铃薯。

注意事项

火不宜过慢，也不宜猛火。同时要趁镬气新鲜的时候，即刻送上餐台，否则镬气过后，乳鸽逐渐收缩，而且皮皱，鲜味欠佳。

现在红烧乳鸽的工艺又有了很大的变化。红烧乳鸽的前身是西餐制品，在广州成名之后被粤菜收罗，并因此受到改良，由原来只是放入油中炸熟，改为先用卤水浸熟并入味，搽抹上麦芽糖浆，吹晾干爽后才放入油中烹炸酥脆。

二、卤水乳鸽

卤水配制是多种多样的，卤水的变化也是多彩多样的。就色泽而言，有白卤水和红卤水之分，前者是清水或高汤加香料制成，后者是生抽（浅色酱油）加香料熬成。就风味而言，有广州卤水、潮州卤水和四川卤水之分，它们通过不同的香料搭配形成自己的风格。粤菜经典的卤水是红卤水。

（一）大众创新的卤水乳鸽

话说 19 世纪 20 年代，有个外号叫"捞松敖"的苏州厨师来到广州。他细致观察了广州白切鸡的做法之后，创制出了一味叫"豉油鸡"的肴馔。豉油鸡一经推出，可以用"风靡全城"来形容，它与本土常见的白切鸡形成鲜明对比。白切鸡只是简单地用清水浸熟，仅仅是突出原色原味。而豉油鸡是用生抽（浅色酱油）、绍兴花雕酒、冰糖和香料熬制的卤水将鸡浸熟，以此突出沁人心脾的外香。

卤水乳鸽

当然，除了香味之外，豉油鸡色泽比白切鸡更胜一筹。由于卤水是由生抽和冰糖熬制，其有了金红的色泽和明亮的光泽。因此，广州人就将豉油鸡视为粤菜的经典之一。而用于制作这道鸡馔的卤水也被厨师视为调味良方。

到了 20 世纪 20 年代，出现了一种新颖的食材——卤水乳鸽，一种用卤水做出来的卤水乳鸽呈现在人们面前，广受欢迎。只是现在已无从查考谁是卤水乳鸽的第一个创造者了。

（二）常用卤水乳鸽的卤水配方

生抽（浅色酱油）5 000 克，冰糖 2 200 克，红糖 2 800 克，清水 5 000 克，绍兴花雕酒 5 000 克，甘草 20 克，桂皮 20 克，八角（大茴香）15 克，丁香 15 克，花椒 10 克，香叶 8 克，草果 10 克，陈皮 25 克，薄荷 15 克，罗汉果半个，红曲米 50 克，蛤蜊 1 对，绿豆 200 克，生姜 100 克，香葱 150 克，花生油 200 克。

三、清蒸乳鸽

中国是"蒸"烹饪工艺的首创者。广东人用蒸笼蒸食，便产生了粤菜中一种具有浓郁地方风味的烹饪技法——清蒸。清蒸河鲜便是粤菜中的经典。

（一）传承创新的清蒸乳鸽

据传，18 世纪中叶以后，顺德的姑婆凭着经验和一双巧手，创造出不少可口美味的菜肴美点，并给广府菜带来深刻的影响。顺德吃鱼最方便，先淘米下水煮饭，然后到鱼塘网鱼，摘一块鲜荷叶，再把荷叶与鱼洗净，将荷叶包鱼放在米饭上面，盖上锅盖，待饭熟透，鱼也蒸熟。舍弃荷叶把鱼置于碟上，加上生抽、熟油便做成了荷香鱼，鱼肉鲜嫩，润滑甘香。

清蒸乳鸽

今天，广州的清蒸海（河）鲜，就是不断吸取顺德姑婆的经验，使清蒸这一技法渐趋完美，如果蒸鱼，必先加热蒸器，假如是瓷碟，还要放上葱段，让瓷器中有空隙，蒸汽可从中间渗入。近年来，乳鸽成为常见食材后，现代厨师把鱼换成乳鸽，做出了新的菜品——清蒸乳鸽，受到了食客的喜爱和追捧。

（二）清蒸乳鸽的烹饪方法

清蒸是指单一主料，单一口味（咸鲜味），把原料直接调味蒸制，成品汤清、味鲜、质嫩的蒸法。清蒸乳鸽最讲究一个"清"字。原料必须洗涤干净，沥净血水。蒸制时要火旺水沸，短时间内加热至熟，一气呵成，并马上上席。

四、盐焗乳鸽

盐焗法是把腌制过的食材用盐焗纸包裹，埋进已加热至滚烫的粗盐内变熟的方法。盐焗成品香气浓烈，肉嫩甘香，是粤菜中别有风味的佳肴。

（一）洋为中用的盐焗乳鸽

焗法是粤菜吸取西餐制法演化而来的，在烹饪工艺中比较特殊。据说是一位广东华侨把西餐中焗的烹饪技法带回广东，经多次尝试后，从盐焗鸡发展到

盐焗乳鸽。现在，盐焗乳鸽成了广受欢迎的新菜式。"焗"是广东方言中的一个多义字，有烤的意思，还有锁住香气的意思。

（二）盐焗乳鸽的烹饪方法

盐焗乳鸽

把乳鸽腌制后，用盐焗纸包裹严实放在海盐中进行加热，使乳鸽温度升高，自身水分汽化，由生变熟。乳鸽在密闭的环境中接受热气加热，热气中的香味会被自身吸收，所以，成熟后的乳鸽会更芳香、味醇。

传统的盐焗操作方法比较费时费事，效率也不高。目前餐饮业多采用焗炉烤焗的制法，即将原料腌味包裹后，放入盐盆，埋入粗盐内，用烤箱或焗炉进行烤焗，操作较为简便，火候也容易调节，又能批量生产，只是风味较传统制作稍微逊色。

五、味美易吸收的炖鸽

炖鸽子汤

炖是一种健康的烹调方式，在炖的过程中，肉质中的氨基酸与鲜味物质得以充分溶出，最大限度保存各种营养素与抗氧化物质。经过长时间的小火炖煮，乳鸽会变得非常软烂，容易消化吸收，不但肉质鲜嫩，味道鲜美，而且还较好地保留了营养价值。代表性菜品是淮山炖鸽，配料中的淮山与枸杞都是药食同源的食品。该工艺源远流长，传承至今。其优点是制作简便；原汤原色原味。缺点是原料易串色串味，汤色容易浑浊，不易掌握汤色；不能按不同原料分别掌握炖的时间；不注重造型。

思考与练习

1. 烹饪也适合百花齐放。你喜欢哪种风味的乳鸽呢？

2. 小组讨论：各种风味的乳鸽，产生的背后都有其自身的故事，了解这些故事后，你发现了什么？

第四节　育新乳鸽烹饪的特点

育新学校地处光明区，光明乳鸽有着悠久的历史，光明乳鸽也是深圳三大特产之一。育新乳鸽以创新研发、推陈出新见长，因其特有的美味而闻名遐迩，是光明乳鸽皇冠上的明珠，也是粤菜中的精品。

深圳市育新学校

育新乳鸽最大的特色是皮脆、肉嫩、骨香、鲜美多汁，轻轻咬上一口，先是香脆的皮被咬开，然后是一阵浓烈的肉香，浓香中带有轻微的甘甜，肉质鲜嫩有弹性，口感丰富丰满。

育新乳鸽

育新乳鸽把古法与创新结合，在传统的基础上，博采众长，配料上大胆创新，调动多种感官；在口感上层次丰富，触发新鲜体验；在烹饪工艺上去繁就简，便于学习和掌握；在品相上追求赏心悦目上档次。

育新乳鸽与时俱进，不断推陈出新，研发出多种新品种新菜式，引领乳鸽口味及菜式的发展，是粤菜体系的代表之一。

思考与练习

育新乳鸽烹饪的特点是什么？

第二章 | 乳鸽烹饪的职业要求与食品安全管理

　　一个民族的饮食文化应该是全民族共同创造的精神财富，综观中国烹饪的发展史，一个最明显的特点就是民间烹饪与专业烹饪师的相互促进和激发。

　　但从具体的烹饪工艺来看，烹饪离不开烹饪师，烹饪是烹饪师的创造性劳动，烹饪师是美食的创造者，也是美食文化的创造者。

　　随着人们生活水平的提高，餐饮和旅游行业的快速发展，烹饪师得到了人们的尊重和重视，社会地位发生了翻天覆地的变化。

　　今天的烹饪师中，有的当选为人大代表，有的成为劳动模范，有的走上了讲坛，还有的成了酒店、饭店的管理人员，烹饪师劳动的社会意义和价值越来越被人们认可和尊重，烹饪工艺的专业性也得到大众的认可和尊重。

　　2018年8月，广东省人力资源和社会保障厅牵头统筹规划并制定了《广东省"粤菜师傅"工程实施方案》，并在全省范围内推进。"粤菜师傅"工程着眼于促进城乡劳动者技能就业、技能致富，全面提升就业创业水平，助推乡村振兴发展，是践行以人民为中心的发展思想、满足人民群众对美好生活向往的重要途径。2018年10月，习近

烹饪师

平总书记视察广东时先后两次对"粤菜师傅"工程给予肯定。"粤菜师傅"工程必将提升粤菜产业的地位和价值，彰显粤菜文化的软实力，架起与世界沟通的桥梁。乳鸽烹饪是粤菜的一个代表，必将发挥良好的作用。

第一节　烹饪师的职业特点

一、体力劳动和脑力劳动相结合

烹饪师是以手工操作为主的工作者，有人认为，烹饪师是体力劳动，其实，烹饪师工作包含着大量脑力劳动。特别是随着烹饪的科学化、规范化要求越来越高，烹饪师的脑力劳动比重越来越大。如宴会的设计、筵席的构思、菜点的造型、菜肴营养等，都凝聚着复杂的脑力劳动。因此，烹饪师的工作是脑力劳动和体力劳动不可分离的复杂劳动。

二、服务性与创造性相结合

烹饪师的劳动产品——菜品，是给人们享用的，为顾客提供精美佳肴是烹饪师劳动的目的，因此，它具有服务性特征。所以，烹饪师要把顾客利益放在第一位，要有全心全意为顾客服务的良好品德及甘于奉献的精神。同时，烹饪师还要为企业赢得经济效益，为国家、企业、自己创造财富，增加收入。这就要求烹饪师通过优质服务，满足顾客需求的同时进行增产节约，为企业创造更多的经济效益，这两者是矛盾的，也是统一的。

三、技术性与艺术性相结合

烹饪是一门技艺。烹饪师的劳动是集手工操作和脑力劳动于一体的复杂技术工作。从原料的鉴别到初加工，从手工切配到掌握火候、调味，都有其特定的技术要求和操作难度。除了技术要素外，烹饪还是一门以食物造型为主要表现形式的艺术。烹饪师的劳动过程，实质上就是将这二者有机结合的过程，是创造美的过程。

第二节 乳鸽烹饪师的职业素养

民以食为天，烹饪促进了人类的进化和文明的发展，其中烹饪师贡献巨大。大约在奴隶社会，就已经有了专职烹饪师。随着社会物质文明程度的不断提高，烹饪师职业也不断发展，对烹饪师的从业要求也越来越高。就乳鸽烹饪师的职业素养而言，有如下要求：

一、高度的卫生素养

乳鸽烹饪过程对卫生的要求极高，卫生的好坏直接影响工作质量、企业形象和个人形象。良好的卫生习惯，不仅指个人卫生，也包括工作场所的卫生、食品加工的卫生等。乳鸽烹饪师的职业素养中，卫生习惯应该放在至高的位置，每一位烹饪师都必须高度重视。

良好的卫生习惯

二、高尚的厨德素养

菜品如人品，做菜如同做人。遵守社会公德和法律法规及公司、店里的规章制度是毋庸置疑的。必须遵守行业的职业道德，严格执行《食品卫生法》《环境保护法》，同时要有爱心、平常心和超凡的胸襟气度，才能成为厨德高尚的人。

良好的职业道德

三、良好的合作素养

现代社会，为了提高工作效率，烹饪师的专业分工越来越细，各个工种之间相对独立又相互关联。一道菜肴的制作过程是各部门、各工种相互合作才能完成的。以前小作坊、小规模的饭店，烹饪师可以

良好的合作素养

独立完成菜肴所有工序，但工作效率低。烹饪师只有分工不同，没有贵贱之分；只有相互合作，才能保证质量，提高效率，实现大规模生产。

四、强烈的服务素养

众口难调，说明烹饪师是一种难做的职业。每个人对乳鸽菜品的评判都有自己的尺度和标准，烹饪师按照标准制作出的乳鸽菜品，客人不满意的事情常有发生，甚至偶尔还会有过分的事件发生。良好的个人修养、较好的沟通能力，以及强烈的服务意识，是烹饪师职业素养中的重要因素。

五、开放的创新素养

创新菜式

时代在变，人们对饮食的需求和消费观念也在变，菜肴并非古董，不是越老越好，乳鸽本身就是新产物。烹饪师必须有创新素养，运用创造性思维，通过借鉴创新，创造和研制不同的特色菜品。要推陈出新，吸取传统精华，古为今用，洋为中用。烹饪师只有不断创新，才能吸引顾客，才能占领市场，才能保持长久的生命力和竞争力，才有可能成为大厨。

六、细致的管理素养

厨房是烹饪师的舞台和阵地，厨房的一切都是烹饪师管理的对象。对成本的控制是利润来源及增强竞争力不可忽略的要素，对厨房生产过程的管理、设备的管理、卫生的管理、安全的管理，对餐饮企业的正常运营至关重要，也直接关系到菜肴质量和菜肴成本。不论所处岗位在哪里，内心都要有管理这条要求和标准。

思考与练习

1.在电视及网络节目中，美食类节目很受追捧。你从中发现了什么？
2.烹饪师是美食的创造者。好的烹饪师应该具备哪些特点呢？

第三节　乳鸽烹饪师的职业能力

作为一个专业的乳鸽烹饪师，除了具备良好的职业素养之外，同时还应该具备多方面的职业知识和能力。

一、较高的技术能力

乳鸽烹饪师应具有熟练的、过硬的操作技能。熟悉从选材、配菜、烹饪到摆盘的整套工艺流程。面对一种食材，烹饪师要能够根据原料的性质特征，运用正确的烹调方法，制作出具有当地风味特色或自己独特风格的菜肴，这样才有可能色、香、味、器、口感俱佳。

乳鸽摆盘

现在厨房分工明确，各工种都有严格的岗位质量标准，同时各工种之间又是紧密联系不可分割的，在熟练操作本工种的同时，必须充分了解上、下一道工序的质量要求，能灵活地进行制作。一个名厨必须精通本菜系的烹调工艺，还要能旁通国内各主要菜系的烹调工艺，无论是烹调、火候、刀工，还是冷盘、小吃等，都得心应手，并且能指挥带动厨房内各个岗位的厨师爱岗敬业地工作。对于菜式要不断推陈出新，从而使菜品吸引更多顾客。

二、学习和创新能力

随着生活水平的提高，人们对饮食的品质和品种提出了更高的要求，这给烹饪师带来很大的压力和挑战，好的烹饪师已经不仅仅是能做一手好菜了。时代发展要求烹饪师不仅能够熟练地掌握和运用烹饪技能，同时还必须懂得营养学、原料学、烹饪化学、烹饪美学、调味知识、饮食心理学等多领域知识。烹饪师必须不断学习和创新，做到博学多才，经验丰富，才能为烹饪创造出更新、更高品质的菜品。

不断学习和创新

三、厨房管理能力

整洁的厨房

厨房管理能力看似简单，做起来不容易。21 世纪是知识经济的时代，科学技术的发展也深深地影响着餐饮业的发展，厨房的设施设备更新很快，厨房生产流程也随之发生很大的变化，所以，对工艺流程的管理能力、对设施设备的管理能力、对个人及厨房卫生的管理能力、对食品安全及劳动安全的管理能力等，都有明确的要求。

四、财务管理能力

财务管理

厨房财务控制关系企业的效益，是决定餐饮企业市场竞争的重要因素。餐饮企业厨房的成本费用主要集中在菜肴的原料和人工费用上，应把材料费用、人员成本控制好。成本核算是财务管理工作的重要组成部分，它是把企业在生产经营过程中发生的各种耗费按照一定的对象进行分配和归集，以计算总成本和单位成本。掌握财务管理能力，可以检查、监督和考核预算及成本计划的执行情况；对成本控制的绩效及成本管理水平进行检查和测量，评价成本管理体系的有效性，研究在何处可以降低成本，进行持续改进，这是保证企业竞争力的核心因素之一。

五、良好的沟通能力

服务和合作是现代厨师必须面对的环境和条件。服务各种各样的客人，需要良好的沟通能力，与同事的合作协同，也需要良好的沟通能力。在和人沟通时，要保持真诚的态度，让对方感受到你的诚意，双方一定要保持平等的关系。可以多看一些相关的节目进行学习。如网络上、电视上有很多访谈类节目，可以看看别人是如何沟通的，先进行模仿，然后在跟别人沟通的时候把这些技巧运用进去，多学习、多实践。要善于倾听，多花时间听听别人是怎么说的，并且提出自己的见解。要想提高沟通能力就需要多跟别人进行交流，平时可以多跟家人、同学、朋友分享自己的生活、学习、工作状况，经常交流，语言表达能力自然就得到提升了。

良好的沟通能力

思考与练习

1. 你所理解的烹饪师的职业能力有哪些？

2. 你最佩服哪位烹饪师（厨师），你从他们身上发现了哪些可以学习的地方？

第四节　食品安全管理常识

食品安全关系到广大人民群众的身体健康和生命安全。近年来，随着我国经济的高速发展，人们的生活水平不断提高，食品安全日渐成为人们关注的焦点。国以民为本，民以食为天，食以安为先。大家需要学习食品安全的知识，掌握食品安全管理常识，时刻把食品安全工作摆在首位。

一、食品安全的概念

根据《中华人民共和国食品安全法》第一百五十条规定：食品安全，指食品无毒、无害，符合应当有的营养要求，对人体健康不造成任何急性、亚急性或者慢性危害。随着经济水平不断提高，食品安全逐渐发展为探讨食品加工、贮存、销售等过程中确保食品卫生及食用安全、降低疾病隐患、防范食物中毒的一个全球公认的重大甚至最重要的民生问题之一。

　　在食品安全问题上，国际社会已经基本形成共识：即食品的种植、养殖、加工、包装、贮藏、运输、销售、消费等活动要符合国家强制标准和要求，食物中不存在可能导致消费者病亡或者危及消费者及其后代的有毒有害物质隐患。

　　客观来说，世界上没有绝对安全的食品，食品安全也不存在零风险。食品安全的最终目标是风险可控。

食品安全检查

食品安全

二、食品安全管理

　　食品安全管理是指围绕食品安全的目标，由政府及食品相关部门和食品链中的相关企业及个人共同形成食品安全管理体系，共同控制食品安全危害和可能影响食品安全的因素，并对食品市场中的各项活动进行管理。

　　我国食品安全管理体系一般由 5 个环节构成，即：食品法规、食品管理、食品监管、实验室检测、食品安全教育交流和培训。

三、风险的来源

中国食品安全标志

　　食品安全风险是指食品中所含有的对健康有潜在不良影响的生物、化学、物理因素或食品存在状况。食品安全风险可以分为三类，即生物性风险、化学性风险和物理性风险。

（一）生物性风险

食品生物性风险是指对食品原料、加工过程和食品造成风险的微生物及其代谢产物，包括致病性微生物（主要指有害细菌）、病毒、寄生虫等。食品生物性风险有可能来源于原料，也有可能来自食品的加工过程。按生物的种类，食品生物性风险主要分为以下几类：

（1）细菌性风险：包括细菌及其毒素造成的食物中毒风险。

（2）病毒性风险：包括甲型肝炎病毒、诺如病毒等引起的风险。

（3）寄生虫风险：包括原生动物（如鞭毛虫等）和绦虫（如牛猪绦虫和某些吸虫、线虫等）造成的风险。

（4）真菌性风险：包括真菌（霉菌、酵母）及其毒素和有毒蘑菇造成的风险。

（二）化学性风险

食品化学性风险主要是指食用后能引起急性中毒或慢性积累性伤害的化学物质。长期大量接触有害化学物质可能会产生急性中毒、慢性中毒、过敏、影响身体发育、影响生育、致癌、致畸、致死等风险。

食品在生产、加工、贮存和运输过程中，可能会受到某些有害化学物质的污染，进而产生食品化学性风险。根据食品中化学性风险的来源，可以将其分为以下三类：

1. 天然存在的化学物质

食品中天然存在的化学风险物质主要指食品中自然存在的毒素。根据来源可将其分为五类：真菌毒素、细菌毒素、藻类毒素、植物毒素、动物毒素。

前三类自然毒素属于生物毒素，是真菌、细菌或藻类在生长繁殖过程中产生的次生有毒代谢产物，它们在食品中可以直接形成，也可以通过食物链迁移富集。

后两类是食品中固有的成分，但是对人类和动物均存在一定的风险。

2. 有意添加的化学物质

有意添加的化学物质主要是指在食品生产、加工、运输、销售过程中人为加入

食用色素

的，主要包括防腐剂、抗氧化剂、着色剂、膨松剂、营养强化剂等各类食品添加剂，但同时也包括不法商家为达某种目的而向食品中添加的非法添加物质。对于食品添加剂，严格按照国家相关法规和标准要求使用，应该是没有风险的，但使用不当或超剂量使用，就有可能成为食品中的化学风险。

3. 外来污染带来的化学物质

食品中外来污染带来的化学物质属于非故意添加，它们源自食品生产（包括饲料作物生产、畜牧养殖与兽药生产）、包装、运输过程中或环境污染，这类化学物质包括：

（1）农药残留。

农药残留是指使用农药后残存于生物体、食品（农副产品）和环境中的微量农药原体、有毒代谢物、降解物和杂质的总称，是一种重要的化学风险。

农药残留

当农药超过最大残留限量（MRL）时，将对人畜产生不良影响或通过食物链对生态系统中的生物造成风险。农药将对人体产生风险，包括致畸、致突变、致癌，还可能对生殖系统产生影响。

（2）兽药残留。

兽药残留包括兽医治疗用药，饲料添加用药，如抗生素、抗寄生虫药、促生长激素、性激素等，这些化学物质可以在动物体内造成残留。

（3）环境污染带来的化学物质。

重金属（镉、汞、铅、砷、铬等）、有机物（如多环芳香烃、二噁英等）等化学物质可以污染土壤、水域，通过食物链进入植物、畜禽、水产品等体内。

（4）食品加工中使用的化学物质。

食品加工中使用的化学物质，如清洗剂、消毒剂、杀虫剂、灭鼠药、空气清新剂、油漆、润滑剂、颜料、涂料、化学实验室的药品等，如果使用不当，可能会污染食品。

（5）食品加工中产生的化学物质。

食品在加工过程中也会产生一些有害的化学物质，如苯并芘（发烟燃料烘烤食物时容易产生）、亚硝胺、氯丙醇等。

（6）来自容器、加工设备、包装材料、运输工具的有害化学物质。

来自容器、加工设备、包装材料、运输工具的有害化学物质如包装纸上的荧光增白剂等。

（7）高浓度放射性物质。

食品加工或食品原料受到放射性污染而导致食品中含有天然放射性物质和人工放射性物质。

（三）物理性风险

物理性风险是指食用后可能导致物理性伤害的异物，如玻璃、金属碎片、石块等。

物理性风险的来源包括：原料、水、粉碎设备、加工设备、建筑材料和人员本身。

物理性风险可能是生产、运输和贮藏过程中不小心加入的，也有可能是故意加入的（人为破坏）。消费者误食了外来的异物，可能引起窒息、造成伤害或产生其他有害健康的问题。物理性风险问题在消费者投诉中是最常见的，因为伤害立即发生或食用后不久发生，并且伤害的来源是比较容易确认的。

四、世界卫生组织倡导的食品安全制备原则

（1）选择经过安全处理的食品。

（2）烹调食品要彻底加热。

（3）做好的熟食品要立即食用。

（4）注重熟食品的贮存。

（5）经贮存的熟食品，食用前要彻底加热。

世界卫生组织

（6）防止生食品污染熟食品。

（7）反复洗手。

（8）注意保持厨房用具表面清洁。

（9）防止昆虫、鼠类和其他动物污染食品。

调味料

思考与练习

1. "国以民为本，民以食为天，食以安为先"，你是怎样理解这句话的？

2. 作为烹饪师，应该怎样保证食品安全呢？

第三章 │乳鸽烹饪的基本功│

第一次走进实训厨房，大家一定充满新鲜和好奇感，它和家庭厨房有什么不同吗？

仔细观察厨房的结构布局，认识厨房的设备设施，了解和掌握岗位分工和职责。注意安全、遵守规则是学习烹饪技能的第一步。

第一节　走进厨房，感知岗位

厨房是生产各种食品菜品的工作区域，是食品的生产车间，在厨房可以制作菜肴、点心、粥羹等。厨房可按多种方式进行分类。厨房按产品分，可分为中餐厨房、西餐厨房和家庭厨房；按空间区域划分，可分为开放式厨房、封闭式厨房和混合式厨房。

一、认识厨房的主要设备

厨房常见的设备有许多，如燃气炉、电磁炉、微波炉、电烤箱、电饭锅、洗碗机、脱水机、烘干机、搅拌器、打蛋器、冰箱、调料柜、和面机、蒸笼等。

二、了解工作岗位及职责

中餐厨房的分工一般以岗位来划分。以中餐厅为例，最重要的岗位是管理层的行政总厨，有一些餐厅还会配备菜品总监或创意总监；其次是厨师长，主

要负责厨房的管理，同属管理层；最后是技术岗位，主要有砧板、炒锅、打荷、上什、水台等。

（1）砧板主要负责各种原材料的切和配，有些厨房会细分为生砧和熟砧。

（2）炒锅主要负责将切配好的材料加工成美食，加工工艺可以细分为炒、煎、炸等。很多厨房会将炒锅位进行编号，号码越靠前代表级别越高，头锅、二锅多为此岗位的管理者。

（3）打荷和炒锅是一种直接的师徒关系，主要负责将砧板切配好的各类材料按照菜单分发给炒锅，再将炒好的菜整理、装饰并摆好。

（4）上什主要负责蒸、炖等与蒸汽有关的菜肴制作，以及鲍鱼、燕窝等干货原料的涨发等。

（5）水台主要负责原材料的初步加工。

三、烹饪师工作的本质

厨师工作

烹饪是极富创意和品味的工作，是有高技术含量的工作。在开放的现代社会，烹饪没有国界，只是烹饪师用不同的方式在诠释和制造美食。要想成为一名好烹饪师，必须实践再实践。仅仅学习理论是不能成为真正的厨师的。

初级厨师以菜做菜，能填饱肚子就好；中级厨师以味做菜，美味佳肴惹人喜爱；高级厨师以心做菜，小厨房里有大智慧，三鲜五味中品味人生。

许多人之所以能成为职业厨师，是因为他们喜欢烹饪，并且不断努力、实践和探索，而他们中的佼佼者，就成了名厨。

四、遵守厨房的管理规则

（1）员工必须按时上班，履行签到手续；进入厨房必须按规定着装，佩戴工牌，保持仪表整洁，洗手后上岗工作。

（2）服从上级领导，认真按规定要求完成各项任务。

（3）不得在厨房区域内追逐、嬉闹、吸烟，不得做有碍厨房生产和厨房卫生的事。

（4）自觉维护保养厨房设备和用具，随时保持工作岗位及卫生责任区域的清洁。

（5）厨房是食品生产重地，未经厨师长批准，不得擅自带人进入。

厨房用具

五、遵守实训规定安全快乐学习

进入厨房，就进入了工作领域。工作领域是复杂的，实训时必须遵守实训制度，这样，才能确保人身安全和财产安全，维护良好的工作条件，营造良好的工作环境，才有可能进入学习状态，不断进步。所以，在实训过程中，必须遵守如下规定：

（一）日常用品常整理

将不再用的东西清理掉，还要用的物品何处拿取，何处归还，工具物品分门别类放置，摆放井然有序，一目了然，明确数量，明确位置。保证要用时，能第一时间找到。

（二）工作环境常清洁

坚持做到"我不会使物品变脏，我不会随地乱弃物，我会清理地上杂物，我会维护清洁秩序，保持教学场所干净"。

（三）设备设施常维护

必须遵循安全操作指导，设置安全操作标识，定期检查设备安全状况，及时维修更换，养成经常维护的好习惯。

（四）材料常节约

合理使用教学资源，原材料物尽其用。节约责任落实到班、到人，教学经费使用最大化。

（五）教学相长常进步

师生合作常进步，常做常悟常反思。做好师生的行为和思想、专业技能、工作意识、学习意识的培养，达成师生的共同进步。

第二节　安全知识及安全操作

一、电磁灶使用安全事项

电磁灶有分挡调控功能，使用电压多为 380V，热效率高、功率大、升温快。

使用时需注意如下事项：

（1）功率上，一般 1 挡为小火，2~3 挡为中火，4~5 挡为旺火。操作时，可根据需要调节挡位至相应的火力。

（2）停止使用时，须切断总电源。承锅面冷却后用抹布擦拭清洁，严禁用水龙头冲刷，严禁用重物撞击承锅面。

（3）若承锅面有裂缝、破损，应及时更换。

各式锅具

二、燃气灶使用安全事项

燃气灶使用时应注意的安全事项：

（1）点火时，要先确认炉灶开关处于关闭状态，再打开燃气阀门，且阀门要慢启。应先有火后再开气，用控气阀门调节火力，开启程度越大，火越旺。

（2）关火时应先关闭煤气管道开关，再关燃气阀门。

（3）点火操作、调节火力时，勿将身体正对点火口，以免火焰烧伤身体。

三、刀具使用安全事项

刀具应标注使用者专用的记号，统一收存管理。实习时由教师指派专人负责刀具的发放和存置，实习前后要严格核实刀具的数量，并在一体化教室使用表上签字标注。不准随意拿刀具吓唬他人或用刀具对着他人，不用时应放在固定位置，不准随意借用他人刀具，更不准将刀具带出教室。不得持刀具指手画脚，持刀具者不得刀口向人，防止刀具掉落伤人。

刀具

四、其他注意事项

（1）严禁长明灯，长流水，随时随地留意煤气管道是否漏气。

（2）不要用湿手触摸电器开关及插头，设备不用时应切断电源。

（3）打扫卫生时，不要在带电状态下用水管冲刷墙体以及电气设备。

（4）保证配电设备在干燥的环境中工作。

（5）电气设备若发生故障，应立即切断电源并报备检修。使用后，应立即关闭主设备电源，切断总电源。

（6）容器盛装热油、热汤时应适量，端起时应垫布，并提醒他人注意。

（7）蒸车等加热设备做到用前补水、用完放水，水箱内的残渣要清除干净，应待设备冷却后清洗。

（8）严禁在炉灶间、热源处跑闹。

（9）冰箱、冰柜定期除霜、除臭。

思考与练习

1. 请阐述实训课应该遵守的规则。
2. 厨房应该掌握和应用的安全知识有哪些？
3. 你准备如何成为一名好烹饪师？
4. 简述烹饪实习的工作特点和工作任务。

第三节　乳鸽烹饪的工具

距今约一万年以前，人类已经会使用陶器了，如缸、钵、罐等。后续又出现了陶灶、鼎、甄、釜、鬲等。这些陶器就是人类最早的烹饪工具。烹饪工具的出现具有里程碑意义，它扩大了远古人类的食源，提高了食材的营养效率和卫生，进一步改善了远古人类的身体素质。到现代，人们还在炊具上下功夫，不断改善和创造新的烹饪工具。

在乳鸽烹饪过程中，需要用到的工具主要有如下种类：

表 3.1　乳鸽烹饪的工具

序号	图示	名称	用途
1		卤桶	一般采用不锈钢汤桶，有多种规格（36.7 厘米、40 厘米、43.3 厘米、50 厘米），视卤量而定，用于制作卤水与卤鸽
2		笊篱	规格有 26.6 厘米、33.3 厘米、40 厘米等，用于网捞卤制好的卤水肉料
3		长木把不锈钢密隔	一般为木把手，长约 50 厘米的不锈钢滤网密隔，用于过滤卤水里的残余肉料、药渣
4		木柄长手钩	木制手柄，长 60~70 厘米的不锈钢或铁制钩，用于翻转卤鸽和吊汤

（续表）

序号	图示	名称	用途
5	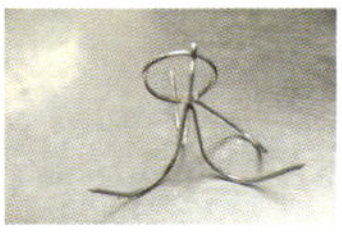	挂钩	不锈钢制，一般规格为30~40厘米的"S"形单钩或"S"形双钢，用于熟料的挂吊
6	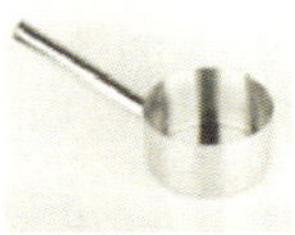	不锈钢水壳（勺）	不锈钢制，用于勺卤汤淋制
7		汤料袋	一般为纱布制的带束口袋，有大、中、小规格区分，用于装卤料的药材或香料
8		不锈钢托盘	用于盛装卤制完成的整件肉料
9		毛刷	木制手柄的短毛刷，用于肉料加工时涂刷味料
10	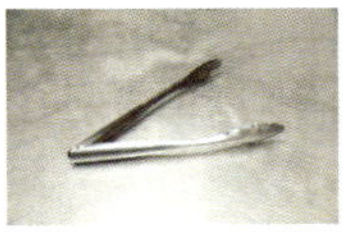	镊子	不锈钢制，用于钳除"三鸟"残余体毛
11		炒勺	用于打卤膀，分量较为准确
12	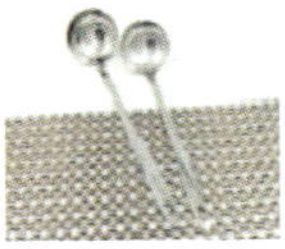	边炉勺	用于给装盘成品淋卤
13		电炸炉	用于炸制食品

思考与练习

1. 工欲善其事，必先利其器。认识常用工具，了解并掌握这些工具的使用方法。

2. 工具是为人所用的，如果你觉得工具不好用，可否动动脑筋动动手，改良一下不顺手的工具呢？

第四节　乳鸽烹饪的主要配料

配料

菜肴诱人的香味从哪里来？

经过千百年的摸索，人们发现，有的物质在烹饪过程中能产生独特的香气，有的物质能改善菜肴的质感。它们虽然用量不大，却应用广泛，不同的搭配能产生很大的变化。这些物质就是调味品，也就是配料。在烹调过程中，调味配料可以改善菜品的味道和质感，使菜品形成不同的风味。

烹饪中用于调味的物质非常繁多。一般分为单一调味料和复合调味料。单一调味品可分为咸味调味品、酸味调味品、甜味调味品、鲜味调味品和香味调味品五大类。

单一调味料是调味的基础，只有了解其组成成分、风味特点、理化特性等，才能正确运用各类调味料进行复合调味，使之起到给菜点赋味、矫味、定味，以及增进菜点色泽等方面的作用。

香味调味品即香料，是指用来增加菜品香味的各种香气浓厚的自然或人工合成的调味品，具有压异、矫味、杀菌、着色的作用。另外植物香料还具有抗氧化、防腐及特殊的生理和药理作用，如健脾胃、活血化瘀、祛风散热、理气等。植物香料是从芳香植物的叶、茎、干、树皮、花、果籽和根等部位选取的有一定挥发性、成分复杂的芳香物质。香味主要来源于挥发性的芳香醛、芳香酮、芳香醚及酯类、萜烯类等化合物，可使人产生愉快、兴奋的感觉，还可减轻疲劳和烦躁。因此，某种程度上来说，在人类发展史上，香料具有传奇色彩，获取香料的欲望创造了历史，香料改变了世界的发展。

本节主要讲解烹饪乳鸽时使用的香料。

香料在烹饪中可单独使用，也可混合使用。在乳鸽烹饪中主要使用的香料有：罗汉果、肉豆蔻、红豆蔻、八角、花椒、小茴香、桂皮、生姜、陈皮、丁香、砂仁、沙姜、香叶、白芷、草果、甘草、南姜等。

一、罗汉果

罗汉果的名字最早见于民国时期由萧步丹先生著的《岭南采药录》，并说其有"清热润肺、止咳、利咽、滑肠通便"的功效。广东民间也从那时起将罗汉果配制成清凉饮料饮用。

罗汉果

罗汉果与膳食香料形影相随的动机十分单纯，与甘草同一目的，就是授予甜味。

经科学分析，罗汉果诱人之处是含有非糖甜味剂——罗汉果苷。罗汉果苷的甜度至少是蔗糖甜度的 150 倍。与蔗糖相比，罗汉果苷的甜度具有稳定的优势。蔗糖遇热会由晶体状溶解成液态；随着加热时间延长，蔗糖会分解为葡萄糖及脱水果糖；在 190~220℃便脱水缩合成为焦糖，反复加热后会出现甜味下降和色泽加深的现象。

罗汉果成为卤水食材后开启了非糖调甜的时代。非糖调甜尽管可以克服蔗糖热稳定性的问题，但是，蔗糖甜味柔和的特性是罗汉果所不及的。

二、肉豆蔻

肉豆蔻气味芳香浓郁，有微辣感，去腥解腻效果显著，在中餐和西餐都有比较重要的地位。肉豆蔻作为调味料，可去异味、增香辛，是卤水中不可或缺的香料，也可用于炖菜、填馅及烹鱼。每千克食材添加量为 2~4 克，用量过大则会出现苦味。

肉豆蔻

据植物学家考证，肉豆蔻原产地是印度尼西亚的东北岛屿——马鲁古群岛。

肉豆蔻被称为香料界的"一门双杰"。这种植物的果实除有一枚实心的果仁之外，果仁还被厚厚的假种皮包裹着。果仁从假种皮中剥下并分别晒干之后，

它们便成为不同的香料了。果仁通常是研碾成粉末使用，果皮通常是切成片块使用。

没有炮制过的肉豆蔻含有让人产生幻觉的肉豆蔻醚。肉豆蔻醚毒性属于中等，但加热后会迅速分解并失去毒性。

三、红豆蔻

红豆蔻

红豆蔻是姜科山姜属植物，广泛分布于亚洲热带地区，在中国分布于台湾、广东、广西和云南等省区；生长在海拔100~1 300米的山野沟谷荫湿林下或灌木丛中和草丛中。

红豆蔻果实供药用，有祛湿、散寒、醒脾、消食的功用。根茎也可以入药，也称大高良姜，味辛，性热，能散寒、暖胃、止痛，用于胃脘冷痛，脾寒吐泻。

在炖肉时，红豆蔻可以去腥增香和改善口感，红豆蔻具有一定的辛辣味，可以让麻辣的口感更加明显。

四、八角

八角

八角也叫大料、大茴香，在中餐中用途广泛，而且普及率高，有"百搭料"之说，是"十三香"、五香粉中不可缺少的调料之一。八角有强烈而特殊的香气，吃起来略甜，无论卤、酱、烧、炖，都可以用它掩盖腥臭、增香味，加热时间越长，香味越浓厚持久。八角的用量不宜多，否则会掩盖肉类鲜香味，还会发苦。

八角具有祛风理气、和胃调中的功效。八角的芳香油既可油溶，也可水溶。换句话说，八角在油环境里和在水环境里都有较高的芳香度。

八角主产于广西、广东、福建及云南等地区。

五、花椒

早在《诗经》中就已提及花椒的用法，说是与泥混合涂抹在墙壁上有渗香辟邪的作用。

花椒

花椒香气独特浓烈，被列在"十三香"之首，在中餐的烹饪中发挥着举足轻重的作用，是我国特有的香料，也是家庭常用的调味料之一。花椒香味重、麻味较轻，常用来和肉类一起烹饪，能清除肉类的腥味和异味，增加香气，如火锅主料、炖菜、卤味、小菜、泡菜等佳肴的制作。

花椒含有谷甾醇等组成的生物碱。这些生物碱是油溶性的，在油环境下，生物碱就会释放出来，让食客的舌头感觉好像触电，又好像是短暂失去知觉似的，有十分明显的麻痹感。

除了麻之外，花椒还具有香气，香气来源于由芳樟醇等组成的干性油。香气浓度与果实含油量高低有关。

花椒是热带和亚热带作物，除广东、海南及台湾之外，全国各地都有栽种，但产于南方的果皮含油量比北方的差，因此，青海、宁夏、甘肃、陕西及四川产的花椒麻、香兼备，属优质品种。

花椒是四川烹饪的象征。

六、小茴香

小茴香又名茴香、谷茴香，气味芳香温和，作为香料调味可增香除膻，炖羊肉时加入则味道更美。北方人多爱用小茴香，南方人多爱用八角。与八角相比，八角的鲜味要大于小茴香，小茴香主要用于卤、煮的肉菜，也是烧鱼、麻辣火锅的常用调料。

小茴香

小茴香是地中海一带的野生植物，后来是在丝绸之路的对外交际时引进的。人们常说的茴香实际上是指这种植物的果实。

《唐本草》中提到茴香具有"主诸瘘、霍乱及蛇伤"的功效。南北朝时期道教思想家、医药家陶弘景在《本草经集注》特别解释了这种果实得名的原因，陶弘景说："煮臭肉，下少许，无臭气；臭酱入末亦香，故曰茴香。"

八角和小茴香用法基本是一致的，但凡用得着八角的时候，也可以改用小茴香，反之亦然。主要是针对禽鱼兽肉及其内脏以卤、坟、临、扣、焙等烹饪法制作时使用。

七、桂皮

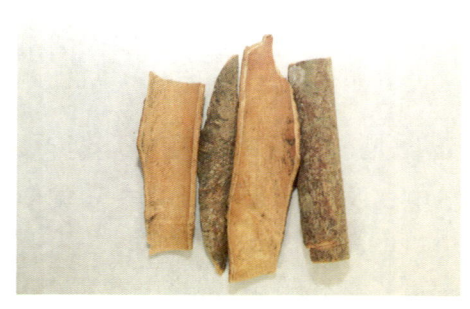

桂皮

顾名思义，桂皮是桂树的皮。相传，秦统一六国之后，有谋士报告说岭南有一处地方长满桂树，秦始皇便将该地命名为"桂林"。这说明，中国是"桂"的产地之一。我国桂树品种繁多，均可剥皮晒干制成中药"桂皮"。《本草纲目》形容这种中药有"养精神，和颜色"的功效。

桂皮香气馥郁，香中带甜，是最早被人类食用的香料之一，常用于烹调腥味较重的原料，有去异味、调剂口味、增加香气味、促进食欲的作用，在中餐里，卤水、酱制、红烧肉菜时都少不了桂皮。把桂皮研磨成粉后用于制作西式甜点，如蛋糕、面包等，可以产生特殊的风味和香气。

桂皮作为香料与作为中药在选材上是有很大区别的。将表皮削去只留皮心使用，称作"官桂"；如果皮心卷曲晒干，称为"筒桂"；如果皮心平整晒干，称为"板桂"。枝条横切晒干，称为"桂枝"；嫩枝晒干称为"桂尖"；叶柄晒干称为"桂芋"；果托晒干称为"桂盅"；果实晒干称为"桂子"；初结的果晒干称为"桂花"或"桂芽"。

八、生姜

生姜

生姜是指多年生草本姜科中姜的根茎。生姜含有由姜醇、姜烯、莰烯、龙脑、柠檬醛及桉油精等组成的挥发油。

这些挥发油尽管没有酶酵香气，但具有分解兽禽鱼肉杂味的能力，尤其是鱼肉的腥味。

生姜除了含有挥发油之外，还具有刺激性成分的姜辣素、姜烯酮及姜酮等。从中药学的角度，这些成分有发散风寒的作用。但从烹饪学的角度，这些成分则具有扩充腠理，使食者瞬间发汗舒畅、兴奋中枢的作用。

> **小资料**
>
> 所谓"姜是老的辣"，生姜分解肉料杂味和让人扩充腠理的能力，与其老嫩有关。刚结成的根茎称"子姜"，作蔬菜食用；已长成的根茎表皮泛黄色，称"成姜"；再加有茧皮的称"老姜"。成姜、老姜作香料食用。
>
> 另外，将成姜、老姜晒干，则称为"干姜"，用途不变。

九、陈皮

广东"三宝"之一，陈皮是新会的特产，即新会陈皮，也是广东的特产。正宗陈皮（即广陈皮）必须符合两个条件，一是必须以新会柑制作，二是必须陈放不少于 3 年。

陈皮是用柑橘果皮晒干后制作而成，存放的时间越久越好，越陈越值钱。陈皮

陈皮

气味芳香温和不刺激，加热后果香味十分突出，让菜肴更鲜香。烹饪肉类加入陈皮，不仅能祛腥膻、添鲜味，还可以让肉更容易炖烂，解除油腻。

每年 10 月，新会人就开始摘果剥皮，由于这个月的果皮是青色的，则称为"青皮"，11 月果皮青转黄，则称为"黄皮"，12 月果皮由黄转红，则称为"红皮"。经过暴晒干燥，果皮会转为橙色，就称为"橙皮"。再经过 3 年以上摆放，果皮会转为褐色，并且放越久颜色越深。因此，深褐色是陈皮的标志之一。

经过暴晒干燥，当年的果皮就会发出香气，而且放越久越香。

果皮发出香气是因为果皮满布芝麻大小的油胞，油胞内含有柠檬烯、月桂烯、蒎烯等成分的挥发油。这些挥发油随着果皮暴晒干燥、含水量下降而散发香气。清代刘若金在《本草述》中形容"真广陈皮，猪鬃（鬃）纹，香气异常"。陈皮较为温和，不具刺激性。

除了调卤炖肉，陈皮也可以用作甜品的调料，如陈皮红豆沙，加入陈皮的红豆糖水，果香与红豆味道相互调和，形成独具一格的味道。

十、丁香

丁香

虽然丁香的个头不大，但是在所有的香料中，丁香是芬芳香气最强烈的一种，它的气味非常浓烈，浓烈到很多人都感到刺鼻，但就是丁香这足够浓郁的特殊香气，让它在卤肉中扮演着非常重要的角色，它能把食材骨髓里的香气带出来，所以在制作卤肉时，丁香被称为"透骨香"或"回口香"，一道卤肉香味能否入骨，丁香的使用是关键，但是因为味道太过浓郁，能屏蔽其他香料的味道，所以在卤水中用量较小。

在国际上，中国有"丁香之国"的美誉，这是因为中国具有绝大多数的丁香树品种。丁香花有红色、有白色、有紫色，十分养眼，而且芳香，所以一向作为庭园珍品栽培。烹饪界及中药界看重它的则是花蕾和蓇葖果，称花蕾为"公丁香"，蓇葖果为"母丁香"或者"鸡舌香"。

《本草述》记载："丁香，树高丈余，木类桂，叶似栎叶。花圆细，黄色，凌冬不凋。其子出枝蕊上如钉，长三四分，紫色。其中有粗大如山茱萸者，俗呼为'母丁香'。二月、八月采子及根。一云：盛冬生花子，至次年春采之。"

丁香油具有较强的挥发性和渗透性，能很轻易地让加工物产生花果般的香气。花蕾含有更丰富的化合物，因此，花蕾（公丁香）的香气要比蓇葖果（母丁香）的更馨香和秘醇。

丁香时常与砂仁配伍用作膳食香料。

小资料

尽管中国有"丁香之国"的美誉，但是将丁香花蕾和蓇葖果变为香料，则应归功于印度尼西亚马鲁古群岛的土著，是他们在距今 2 000 多年前率先采用特殊的栽培方法使丁香花蕾和蓇葖果含有馨香的挥发油。

十一、砂仁

在中药里，砂仁是个广义的名称，是该属植物药效相近的几种果实的统称。根据《中药学》介绍，作为药用的砂仁主要有"化湿行气，温中止泻，安胎"的功效。

砂仁

现代药理分析说明，服食砂仁可增强胃的功能，促进消化液的分泌，加快肠道的蠕动，排除消化道内的积气，从而起到帮助消化及消除肠道胀气的作用。

作为香料的砂仁只有一种，它就是简称"春砂"的阳春砂仁。

阳春砂仁含有具酚醇香气的，由右旋樟脑、龙脑、乙酸龙脑酯、芳樟醇、橙花叔醇、柠檬烯组成的挥发油。

砂仁作香料时，很少会单独使用，通常与陈皮和丁香一起使用，并且在烹饪牛肉以及家禽等肉制品时使用。

十二、沙姜

沙姜又叫山奈，对肉质鲜嫩的食材有一定的抑制腥臊作用。粤菜里，常用新鲜的沙姜制作沙姜鸡、沙姜猪脚，加入了沙姜的荤菜散发着迷人的香气，让人食欲大增。在油脂含量较高的菜肴中，沙姜的加入可以使得香气更为醇厚，让人食欲大开。

沙姜

根据植物学的分类，沙姜实际是指多年生低矮草本植物姜科山奈的根茎。这种植物多分布在中国台湾、广东、广西、云南等地，南亚至东南亚地区亦有栽培。

按照李时珍的理解，这种植物早在唐代就被人发现了，后来逐渐成为医治牙痛等的良药，《本草纲目》描述其有"暖中，辟瘴疠恶气，治心腹冷气痛，寒湿霍乱，风虫牙痛"的功效。沙姜具有定香的功效，所以可以"入合诸香用"。

沙姜独当一面地担当膳食香料的主角是从广州的盐焗鸡开始。广州厨师认为，研成粉末的干沙姜与盐味十分相衬，搽抹在鸡的表面无论是蒸、焗、浸都能让鸡香气四溢。粤西地区多用鲜沙姜，当地人用酱油配沙姜来代替蘸点白切鸡的姜葱茸。

鲜沙姜和干沙姜香气有很大的不同，因而用法各异。

十三、香叶

香叶

香叶就是月桂叶晒干后得到的香料，气味芬芳，味道略甜，常和八角、草果、甘草配伍，可有效去除各类食材中的腥、膻、臭等异味，香叶的芳香中透出少许柠檬和丁香的香味，还具有一定的杀菌防腐作用，除了用于调制卤水，还可用于肉类的腌制、炖制、红烧等。

烹饪时配放香叶，除强化香气、强化抗氧化能力外，更主要的目的是提升、改善食品的质感，可使食品口感层次更丰富。

十四、白芷

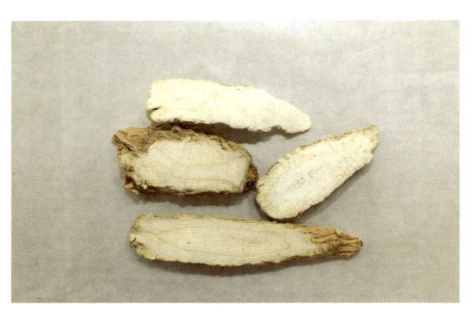

白芷

《神农本草经》云："白芷，一名芳香，一名泽芬，生河东川谷中，主长肌肤，润泽颜色，可作面脂。"

明代名医李时珍对白芷推崇备至，他在《本草纲目》中说："白芷所在之病不离三经。如头目眉齿诸病，三经之风热也；如漏带痈疽诸病，三经之湿热也。风热者，辛以散之；湿热者，温以除之。为阳明主药，故又能治血病、胎病，而排脓、生肌、止痛。"

中草药中的白芷包含了多种多年生草本伞形科的干燥根茎，不同种类的白芷的香气也有较大的差异。因此，做香料时，应从中选择合乎香型的品种。

白芷在膳食香料中通常会与当归相衬。

十五、草果

草果又名草果仁，果壳有薄荷的清凉气味，还夹杂着淡淡的烟熏味，可以去除食材中的腥膻气味，提味效果明显，在制作肉类卤菜时，加入草果可以有效屏蔽食材的强烈异味。但是制作炒菜或卤制蔬菜时，最好敲破草果，把里面的种子取出，以免草果种子的刺激性气味破坏菜品风味。

草果

草果最初是治疗脾胃寒湿的中草药。由于草果含有芳香挥发油而成为膳食香料。草果成为膳食香料，是因为草果还有开胃化食功能。关于草果开胃化食的功能，中医书《本经逢原》中说："（草果）除寒燥湿，开郁化食，利膈上痰，解面（麨）食鱼肉诸毒。"

根据药理，草果可分别与砂仁、白豆蔻以及厚朴配伍。

另外，也有些调香师在配五香粉或十三香时用草果代替陈皮。

十六、甘草

干甘草是甘草树根，味甘甜而特殊，是一种补益类的中药材，作为香料入菜调味可赋甜增味，去腥压异，常与八角、桂皮、川椒等其他香料配合使用，处理肉类食材时放入甘草，可以有效去腥、祛除异味，使卤出的菜肴味道更醇厚，使人回味悠长。

甘草

甘草遍及各大洲，我国主要分布于黄河流域以北各省区。依产地不同，甘草有东西之分。东甘草来自东北、河北及山西等地，西甘草则来自宁夏、内蒙古、青海、陕西、新疆等地。

依加工部位不同，甘草又有皮、粉、把、节、头、梢之分。皮甘草即采收加工后保留栓皮者，粉甘草即采收加工后刮去栓皮者，把甘草即将甘草切成长段并扎成把者，甘草节即根及根茎中充填有棕黑色树脂状物质的部分，甘草头即根茎上端的芦头部分，甘草梢即根的末梢部分或细根。

甘草酸的热稳定性良好，不会因为反复加热而发生物理变化，可以弥补蔗糖、蜜糖或麦芽糖热稳定性差的弱点。当然，也有厨师取其药性和缓，调和诸药，并享有"十方九草"的美誉。

十七、南姜

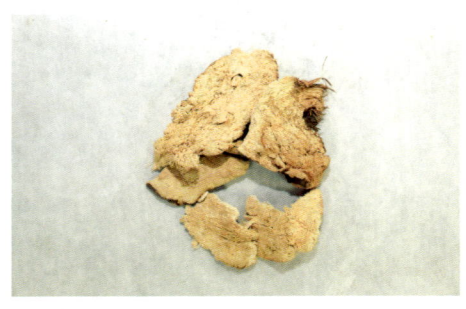

南姜

广东有三姜，即生姜、沙姜和南姜。

如果说粤西地区善用沙姜的话，粤东地区则善用南姜。

单就香气飘溢的能力而言，粤东的南姜确实比粤西的沙姜逊色，但南姜更具后发力——让食品由心渗香的能力。

南姜又称"潮州姜"，是多年生草本姜科的根茎。

据分析，南姜含有 0.5%~1.5% 的挥发油，因此被视为香料。

南姜还含有黄酮类化合物，因而具有强抗氧化能力，实际上是帮助食品恢复活力，又能让食品在加热过程中香气外露。

另外，南姜还是"一门双杰"，其枣红的果实也是香料，叫"红豆蔻"。

思考与练习

1. 认识烹饪乳鸽时常用的香料并了解它们的作用及使用方法。

2. 中国古称香料之国。你知道的香料品种和作用还有哪些？和老师、同学探讨一下，可否在乳鸽烹饪中使用？

第二篇
育新乳鸽烹饪工艺

第四章 | 红烧乳鸽的育新工艺 |

　　光明乳鸽被称为"天下第一鸽"，是深圳三大特产之一，因其特有的美味而成为深受欢迎的美食。深圳市委书记王伟中在中央电视台新闻访谈中提及深圳特色小吃时，毫不犹豫勾选了"光明乳鸽"，并欢迎全国的朋友到深圳品尝光明乳鸽。育新学校的育新红烧乳鸽在传统的烹饪工艺基础上不断创新，形成了自己独特的风味，是光明乳鸽中的明珠。

　　育新红烧乳鸽经过 10 多年的摸索，研制出独特的陈年卤水，卤水用料十分讲究，由甘草、罗汉果等 20 多种材料泡制而成，每种材料都有严格的配置比例。出炉之后的红烧乳鸽肉质鲜嫩，口感滑爽清香、清脆。育新红烧乳鸽品质稳定，技术成熟，绿色健康，既让顾客大饱口福，又满足顾客的健康需求。

　　鸽子的营养价值高，既是名贵的美味佳肴，又是高级滋补佳品。肉质细嫩味美，为血肉品之首。鸽肉为高蛋白、低脂肪食品，有关资料分析，鸽肉的水分含量高于其他肉类；蛋白质含量为 20.5%，与羊肉相同，高于鸡肉、猪肉和牛肉；脂肪含量 2.7%，显著低于其他肉类，仅为鸡肉的 54%，猪肉的 41%，牛肉的 47%，羊肉的 39%。

　　此外，鸽肉所含的钙、铁、铜等元素及维生素 A、B、E 等都比鸡、鱼、牛、羊肉含量高。鸽肉所含蛋白质中有人体必需的氨基酸多达 17 种，且消化吸收率达 95%，鸽子蛋被称为"动物人参"，含有丰富的蛋白质。我国民间有"一鸽胜九鸡""无鸽不成宴"的说法。鸽肉是人类理想的食品。

　　药典记载：鸽肉营养丰富，而且具有一定的保健功效，能防治多种疾病。中医学认为鸽肉有补肝壮肾、益补血，清热解毒、生津止渴等功效。还具有滋补益气、祛风解毒的功能，可以活血化瘀、预防动脉硬化、增强体质、延缓衰老，对病后体弱、血虚闭经、头晕神疲、记忆衰退有很好的补益治疗作用。现代医学认为：鸽肉有补肝壮肾、生机活力、健脑补神，提高记忆力，降低血压，调整人体血糖，养颜美容，使皮肤洁白细嫩，延年益寿之功效。

因此，鸽肉适宜所有人群，对于产妇、妇女、老年人、儿童以及高血压、高血脂、糖尿病等慢性病患者、病后恢复者、肾虚体弱、心神不宁、体力透支者尤为合适。急性肾衰竭患者的肾脏功能较弱，适当食用本品，有助于强健体魄，恢复健康，还能保护心脏。

第一节　拣鸽技术要点

拣鸽 ▸ 初加工 ▸ 高汤制作 ▸ 香料包（油）▸ 卤水调制 ▸ 预制 ▸ 卤制 ▸ 油炸 ▸ 摆盘

挑选原料是烹饪的第一步。在挑选乳鸽（行话称为"拣鸽"）时，要注意以下技术要点：

（1）鸽体外观饱满，翻开羽毛观察，皮肤呈现灰白色，全身没有血斑。

（2）用手触摸乳鸽胸骨，如果感觉软，说明鸽子较嫩，反之则较老。

（3）称重：净重在350克左右的，说明是23~25天的乳鸽；净重在300克左右的，应该是18~20天的乳鸽。

鸽子

（4）仔细观看，表皮不能破损，否则影响成品的美观。

思考与练习

仔细观察并体会拣鸽的技术要点。

第二节　乳鸽初加工

初加工流程

宰杀放血　浸烫拔毛　开膛去内脏　检查冲洗　浸泡去血水　捞出控水

1. 宰杀放血

左手抓住乳鸽的翅膀根部，同时将其头部固定后仰，用屠宰刀具在乳鸽下颌部切断颈总动脉、食道、气管，切口尽量小，但放血要完全，保证乳鸽形体完整美观，皮肤没有瘀血。

2. 浸烫拔毛

将乳鸽放入 60~70℃ 水中浸泡 15~20 秒，并不停翻动。待皮肤变红且柔软，稍凉后拔毛，拔毛时间控制在 30 秒左右。注意浸烫水温不宜太高，时间不能太长，以免皮肤破损、颜色变深且缺乏光泽。

3. 开膛去内脏

用剪刀从乳鸽身体靠近肛门处剪开，小心取出内脏，不要弄破嗉囊、胆囊、肠子，以防污染。

4. 检查冲洗

净膛后的乳鸽身体用自来水清洗干净。膛内不许有异物、血污、内脏残留物等。尤其是肺不能忽视，还要用手指清理乳鸽嘴巴，以防乳鸽嘴内残留玉米粒和杂粮。

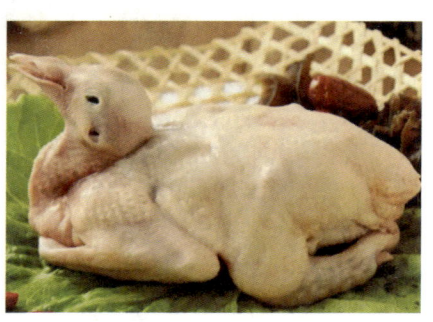

初加工后的乳鸽

5. 浸泡去血水

做足上面的功夫后，放少许盐在清水中，浸泡乳鸽至少 20 分钟，除去血水。

6. 捞出控水

浸泡到乳鸽皮呈灰白色捞出，放入胶菜筐里控水。

思考与练习

1. 熟悉乳鸽初加工的流程并了解每一个环节的作用。

2. 观察老师的操作细节，自己总结操作重点。

第三节 高汤制作工艺

一、高汤的制作工艺流程

初加工 ▸ 焯水 ▸ 过水 ▸ 烹煮 ▸ 熬制 ▸ 过滤 ▸ 成品

二、高汤原料

表 4.1 高汤原料及用量

序号	名称	用量	备注
1	水	35~40 斤（1 斤 =500 克）	煮后约有 30 斤高汤
2	老母鸡	6 只	
3	鸡爪	3 斤	
4	鸡油	3 斤	
5	白酒	适量	二锅头，主要目的是去除腥味

三、使用工具

详见第三章第三节。

四、高汤的制作过程

（一）原料焯水

先将老母鸡、鸡爪、鸡油等材料清洗干净，放入凉水锅中；开火煮开，煮 3~5 分钟，待浮沫、腥臭味出来后，取出老母鸡等材料用水冲洗干净，残水倒掉。

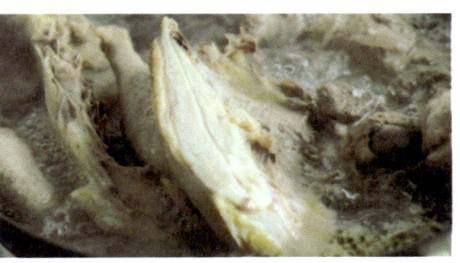

焯水

（二）放料烹煮

锅中加水 40 斤，把焯水后的老母鸡、鸡爪、鸡油放进锅中，并加入 2 瓶盖白酒

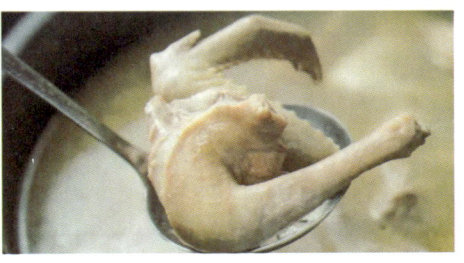

烹煮

熬煮

过滤

与 5 两（1 两 =50 克）南姜开始熬制。

（三）慢火熬煮

大火将其烧开，再调中火慢熬 4 个小时左右。

（四）过滤

将汤内的残余物取出，过滤掉残渣，汤水呈乳白色，即成为高汤，约有 30 斤。

小资料：高汤制作小窍门

1. 冷水锅焯水：是指将初步加工的原料与冷水同时下锅。水要没过原料，然后烧开，此目的是去除瘀血等泡沫和老母鸡、鸡爪、鸡油的腥臭味，便于进一步加工。

2. 焯水时一定要冷水下锅，因为这样可以更好地将骨头内的血水腥味和脏物释放出来。如果一开始就将老母鸡、鸡爪、鸡油放进热水或沸水中，去腥臭味的效果会差一点。

3. 加入白酒和南姜，是为了更进一步去除腥膻气味。

4. 煮汤的过程中只能加开水，不能加冷水。

第四节　香料包（油）制作工艺

小资料：如何让卤水色泽鲜亮？口感好？

无鸡不香！用老母鸡可以使高汤鲜美，营养丰富，能滋补身体，卤出的乳鸽风味独特。

一、香料包原料

表 4.2　香料包原料及用量

序号	名称	用量	备注
1	高汤	30 斤	
2	金黄色罗汉果	4 个	香料包
3	八角	50 克	
4	桂皮	20 克	
5	小茴香	10 克	
6	花椒	10 克	
7	丁香	2 克	
8	陈皮	10 克	
9	香叶	10 克	
10	肉豆蔻	10 克	
11	红豆蔻	10 克	
12	草果	10 克	
13	砂仁	10 克	
14	白芷	5 克	
15	山奈	20 克	
16	冰糖	40 克	
17	鲜南姜	50 克	
18	鸡粉	50 克	调味品给高汤调色调味
19	麦芽糖	25 克	
20	味精	适量	
21	干贝	50 克	
22	盐	适量（控制好卤水的咸度，仅比日常口味稍咸即可）	
23	鱼露	少许	

（续表）

序号	名称	用量	备注
24	清油	500 克	香料油
25	香菜	150 克	
26	红葱头 （带须更好）	150 克	
27	姜	适量	

二、香料包制作工艺

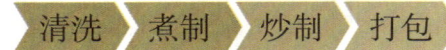

清洗　煮制　炒制　打包

制作香料包有两种方法。一种是炒香法，一种是打粉法。炒香法工艺复杂，费工费时，属古法，香味醇厚持久。打粉法便捷省时，工艺简单。

（一）古法香料包的制作流程

（1）将香料拍碎放入香料袋内，部分大粒的香料需要拍碎，容易出味的香料可以不用拍碎。

（2）所有的香料一定要放入沸水中煮 2~3 分钟，煮的目的是去除香料的苦味。

（3）将香料再放入锅中，加少量油炒香。

（4）将这些炒香的原料用纱布袋装起来，待用。

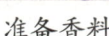
准备香料

煮香料

炒香料

香料装袋

小资料：香料包制作小窍门

1. 丁香气味很浓很呛，需要控制好分量。

2. 香料沸水煮 3~5 分钟，以便去除苦味。

3. 大块的香料一定要改成小块才能出味，如陈皮要改成小块。

4. 带籽的香料要拍碎，用它们的壳，把籽丢掉。如草果，先拍碎，仅取草果的壳即可。

香料

（二）打粉法香料包制作流程

（1）将香料按照配方比例备好。

（2）数量是炒香法的一半，因为粉末状的香料很容易出味，且味道更均匀。

（3）用磨粉机把香料研磨成粉末。

（4）装入小密度的香料包内。

粉状香料

（三）香料油制作工艺

清洗 ▸ 处理 ▸ 油炸 ▸ 过滤

在冷锅中加入清油 1 斤，烧至五六成热，加入香菜 3 两，红葱头 3 两（带须更好），姜适量，炒至干香时，取出残留物待凉，即为香料油。

香料油

思考与练习

1. 查阅资料，小组讨论：高汤的配料有哪些？配料比例的原理是什么？你有没有发现新的配比？

2. 熟悉厨具并了解其使用方法。

3. 高汤制作过程注意事项有哪些？核心要点在哪里？

第五节　调制卤水的工艺

调制卤水的工艺流程

放料　熬制　调色调味

把准备好的香料包、香料油、调味料等放进高汤内，慢火熬制1小时。这个环节的主要任务是调色调味。

用冰糖、麦芽糖、黄栀子对红烧乳鸽卤水进行调色。调色后的卤水，如果感觉到颜色还不够，可以继续给卤水加料调色。

卤水

麦芽糖可以使乳鸽颜色红润，非常好看。在控制好甜度的前提下，添加麦芽糖可以令乳鸽颜色红润有光泽，但添加量多的时候需要注意卤水的甜度。

小资料：卤水调色调味的小窍门

1. 调色的目的是使卤制的乳鸽颜色自然鲜亮。

2. 烧好的乳鸽在空气中1~2小时后开始氧化，颜色逐渐变深。所以，在烹饪时要考虑到，当乳鸽刚出锅时，颜色要比理想颜色稍浅（金黄锃亮）；经过空气的氧化后，颜色会逐渐变深，最后达到理想颜色（鲜亮棕红）即可。所以，应掌握这个技巧，将卤水调制到刚卤制出来的颜色比理想中的颜色稍微淡点。

3. 10斤水中加盐1克，浸泡1小时可以使鸽血泡出，鸽皮颜色更鲜亮，卤制出来的乳鸽皮鲜亮不发黑。加盐不可超量，否则乳鸽翅和腿过咸，肉老而不鲜嫩。

4. 调色调味不放生抽和老抽。

思考与练习

1. 卤水是美食的灵魂。查阅资料，中餐里具有代表性的卤水有哪些？

2. 掌握育新卤水原料的配比及加工工艺，育新卤水调味调色的核心技术有哪些？

3. 体会并掌握育新卤水的制作工艺。

第六节　红烧乳鸽烹制工艺

一、红烧乳鸽烹制流程

初加工　▶　腌制乳鸽　▶　焯水　▶　去除细毛　▶　卤制乳鸽　▶　浸炸乳鸽

二、乳鸽预制工艺

1. 初加工
清洗鸽子，处理内脏。

2. 腌制乳鸽
腌制是指用适量的盐均匀搓抹在乳鸽内腔和表面，然后把乳鸽用器皿盛起，保鲜膜封盖，并放入 5℃的冰箱内，冷藏腌制 3 个小时。

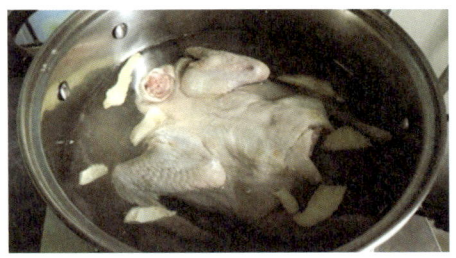

焯水

3. 焯水
凉水入锅，加生姜数片，大火烧开。火要旺，水要烫，放入乳鸽焯水，取出过冷水。目的是去除乳鸽的血水与腥臭。

4. 去除细毛
仔细检查焯水后的乳鸽，去除表皮的细毛。再次清洗，整齐放入菜筐中，乳鸽尾部朝下控干水分。

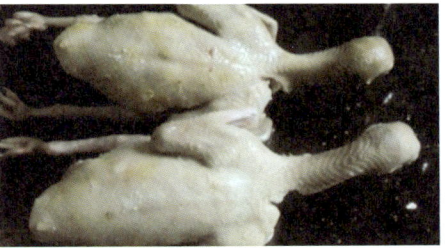

去除细毛

三、卤制乳鸽

（1）将焯水后的乳鸽投入烧开的卤水中再次烧滚，加少许白酒。

（2）在卤制过程中还需把乳鸽提出卤锅数次，把腹腔中积存的卤水倒出。

（3）把乳鸽再次浸入卤桶时，须让滚烫的新卤水重新灌入腹腔中。

（4）把乳鸽浸入卤水桶中，卤水桶上用物品压好，让乳鸽均衡稳定地受热。

（5）熄灭火 15~20 分钟，利用卤水的温度将乳鸽慢慢浸熟。

四、浸炸乳鸽

浸炸乳鸽

（1）油炸乳鸽时要预先将油加热至 138℃，然后将乳鸽放在笊篱上置于油面，用长柄汤勺舀热油淋在鸽坯上，用急淋（也可说是"泼"）的手法加工 15 秒，令鸽皮呈现泛白颜色，这个工序称为"预热"。

（2）待乳鸽表皮呈现泛白颜色后，可将乳鸽连笊篱浸入油中，再用长柄汤勺不停地淋热油在乳鸽表面使鸽皮发生焦糖化反应（上色）和明胶絮化反应（脆化），时间为 45 秒左右。这个工序称为"浸炸"。浸炸时需保持中火，以便油温保持在 138℃左右。

（3）制作红烧乳鸽所使用的油最好是花生油，其他油也可，前提是所用的油加热时没有泡沫。在油炸的时候，温度不宜过高，过高的温度易使焦糖化反应急剧加速，使乳鸽变黑并产生焦苦味。

小资料：红烧乳鸽烹饪小窍门

1. 焯水主要是去除乳鸽的血水和腥臭味，并使得乳鸽的皮无鸽毛，且避免后期卤制的过程中起泡沫。乳鸽没有焯水直接卤制时，可在卤水中多加点黄姜、南姜，香料包适当加大用量，以便有效去除腥味。不焯水就卤制乳鸽，卤水会出现白泡沫。

2. 若发现汤的味道或颜色不够，需要调味

红烧乳鸽

和调色，加入上面所说的调味品。在之后的卤制过程中，在卤制之前应进行调味。

3.卤好的乳鸽放凉后要用保鲜膜封好，以防止氧化后颜色变深。

4.卤鸽不可过度，否则过咸，也容易破皮，影响美观，并且还容易使皮下脂肪溶化渗出，影响独特风味，难以做到"骨香肉嫩有嚼头"。

思考与练习

1.掌握育新红烧乳鸽的制作工艺流程及核心要点。

2.小组讨论：制作红烧乳鸽过程中的注意事项有哪些？

第七节 摆 盘

斩切 ▷ 摆置 ▷ 整理 ▷ 装饰 ▷ 上桌

育新乳鸽最好的食用方法是戴着手套整只抓着吃。轻轻咬上一口，先是香脆的皮被咬开，然后是一阵浓烈的肉香，浓香中带有轻微的甘甜，而且肉因为嫩而非常具有弹性。品尝的过程中，要小心鲜美的肉汁会滴下来。

育新乳鸽

摆盘有整只摆盘的，也有斩切后上盘的。乳鸽斩切有4块、6块和10块3种形式。高档酒楼和特殊场合，应该堆砌成乳鸽形状后，再装饰、上桌。

乳鸽
烹饪工艺

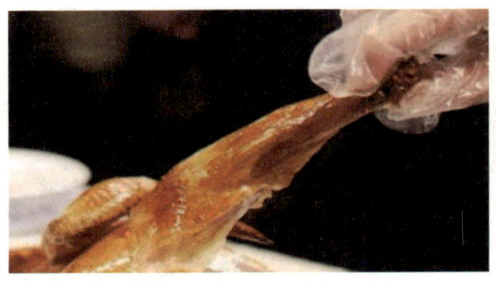

乳鸽摆盘

斩切方法

| 第一步 | 先将胫骨平切斩齐。 |

| 第二步 | 将鸽颈斩下。 |

| 第三步 | 以胸朝上的姿势将鸽身头左尾右摆放在砧板上，然后顺刀将乳鸽一分为二。 |

| 4块斩切法 | 在第三步的基础上，用刀横腰直切一刀，将鸽身分成4份。 |

| 6块斩切法 | 在第三步基础上再切两刀，第一刀腋下直切，第二刀在髀前直切，将鸽身分成6份。 |

| 10块斩切法 | 在第三步基础上再切4刀，第一刀贴翼（翅膀）底斜切，第二刀横腰斜切，第三刀在髀前斜切，第四刀在贴髀底斜切，将鸽身分成10份。 |

摆盘是一种艺术创作，会影响菜品的美观，甚至影响顾客的食欲，因此菜品的摆盘对餐厅来说很关键。

摆盘

摆盘的技术要求：

（1）选择的餐具要符合食物特性。

（2）餐盘大，易塑造菜品样式。

（3）食材纹理和材质一般遵循软对硬、粗糙对顺滑、干燥对黏稠等。

（4）食物摆放要整齐，不可超出盘子边线。

（5）附加内容不要过多。

（6）主体食物突出，忌喧宾夺主。

（7）注意饮食卫生。

小资料：红烧乳鸽的评价要点

第一个要点：红烧乳鸽的胸脯肉是否符合爽、滑、弹的要求。

第二个要点：表皮是否酥脆。

第三个要点：味道和香气。味道和香气基本上是通过外在加工添加进来的，这点才是真正体现烹饪师技能的核心要素。

思考与练习

摆盘是一种艺术创作。请查阅资料，设计一款红烧乳鸽的摆盘作品。

第五章 ｜清水乳鸽的育新工艺｜

第一节　蒸的工艺

蒸是指把原料调味后摆好造型放到器皿上，然后放进蒸笼或蒸柜内密封，运用蒸汽的高温来加热食物的烹饪方法。蒸汽环境中的温度会随容器密封程度的提高而升高；若密封程度降低，温度也会相应地降低。

蒸制工艺使用广泛，操作较为简便，适用于各类原料。通常先调味后加热，加热过程中不能调味。蒸制能较好地保持原料的水分、味道、色泽、形态等。

蒸制通常有两个难点，一是火候的掌握。蒸制的火候，可分为猛火、中火、慢火，主要是根据原料而确定用火。猛火的蒸汽猛烈，温度较高，适用于水产原料、胶馅类原料，它可以使成品色鲜、嫩滑或爽滑，有弹性，味鲜美。中火的蒸汽充足，温度尚高，适用于禽畜肉类原料，能使成品色泽鲜明，口感嫩滑，味道鲜美。慢火的蒸汽较弱，温度不高，适用于蛋类原料，能使成品色鲜、质滑。二是蒸制的时间。要根据原料的性质、大小、厚薄及火力的猛烈程度而定。鉴别原料熟度的方法是：有汁、汁清；骨突、肉收缩；不粘碟子；筷子在厚处易插入。

蒸笼

小资料：蒸制小窍门

1. 水量要充足。

2. 根据原料性质或菜品要求，调节好火力，控制蒸汽量。

3. 根据原料性质或大小、厚薄，控制加热时间，掌握熟度。

4. 原料要厚薄均匀，较大的原料要稍稍垫起。

第二节　清水乳鸽的特色及营养

一、清水乳鸽的特色

清水乳鸽是采用蒸的工艺，在烹饪过程中只用盐来调味，配以花旗参水与广东米酒，成品口味鲜美、清香，肉质鲜嫩，很好地保留了乳鸽的原汁原味，又能保留乳鸽的营养成分，既符合当下的营养膳食观念，又满足了大众的口腹之欲。

二、清水乳鸽的营养

乳鸽的营养成分在红烧乳鸽部分有详细介绍，清水乳鸽在制作时，配以花旗参水，其营养价值更高。

花旗参属于人参的一种，又名西洋参，具有补气养阴、清热生津、降火、健脾润肺、培补真元的作用。现代医学证明，花

清水乳鸽

旗参具有抗疲劳、利尿、抗氧化作用，对高血压、心肌营养不良、冠心病、心绞痛等有较好的疗效，对癌症患者可减轻由于放射治疗和化学治疗而引起的不良反应，还具有改善肌体应变状态，减轻胸腺、淋巴组织萎缩，滋补强壮，养血生津，宁神益智等功效。

三、适宜人群

适合人群广泛，尤其适合气阴两虚以及患有心血管疾病的慢性病患者。

第三节　清水乳鸽的主要用料

表 5.1　清水乳鸽的主要用料及用量

序号	名称	用量	备注
1	乳鸽	1 只	
2	盐	10 克	
3	花旗参	15 克	
4	广东米酒	10 克	

第四节　清水乳鸽制作工艺及流程

一、制作工艺

初加工　晾干　制作花旗参汁　腌制　蒸制　蘸料

二、制作过程

（一）晾干

乳鸽宰好洗净，挂起来把水晾干或用厨房纸巾把水吸干。

（二）制作花旗参汁

15 克干花旗参，用开水泡约 20 分钟，打碎后过滤出汤汁。

（三）腌制

（1）把乳鸽放在碟子上。

（2）取适量食盐抹到乳鸽身上，肚子里也要抹到。然后取适量花旗参水与广东米酒把乳鸽整个抹一遍。

（3）用保鲜膜密封后，放冰箱冷藏腌制 3~5 小时。

腌制

（四）蒸制

（1）把腌制好的乳鸽从冰箱拿出解冻。

（2）蒸锅放足够的水，大火烧开，把解冻的乳鸽隔水放置，大火蒸 15~20 分钟至熟。

（3）拿牙签深扎乳鸽大腿肉多部位，拉出，牙签孔不冒血水即为熟。

蒸制

（五）蘸料

清水乳鸽的蘸料就是蒸乳鸽时流出的汤汁。乳鸽连同碟子一起取出晾至温热，把汤汁倒出，装在蘸汁碗里，然后连同斩切好的乳鸽一起摆盘，上桌。

小资料：清水乳鸽烹饪小窍门

1. 乳鸽涂抹盐和花旗参水后，要放入冰箱腌制至少 3 小时，使乳鸽入味。

2. 蒸制选用的盘子要稍有深度，蒸制过程会出汁，碟子太浅时，汤汁容易溢出。

3. 原汤倒出作蘸料，蘸料不需要加任何调味品也足够有风味。

第五节　摆　盘

　　摆盘有整只摆盘的，也有斩切后摆盘的。清水乳鸽一般采用斩切的方式摆盘。

清水乳鸽

　　乳鸽斩切有4块、6块和10块3种形式。高档酒楼和特殊场合，应该将斩切件堆砌成乳鸽形状后，再装饰、上桌。

　　斩切方法与红烧乳鸽相同。

小资料：蒸制工艺的种类

　　1. 按火力的大小划分，一般可分为猛火蒸、中火蒸、慢火蒸。由原料性质决定所采用的火候。

　　2. 按调味的类型划分，一般可分为清蒸、酱汁蒸、豉油皇蒸。

　　3. 按原料上碟的造型划分，一般可分为平蒸、裹蒸、扣蒸、排蒸、酿蒸等。

　　由菜品质量要求决定采用的烹饪工艺。

思考与练习

　　1. 清水乳鸽烹饪的工艺要点有哪些？

　　2. 你对改进烹饪清水乳鸽的工艺有什么建议？

第六章 ｜荷香乳鸽的育新工艺｜

第一节　荷香乳鸽的特色及营养

一、荷香乳鸽的特色

荷香乳鸽也是采用蒸的工艺，乳鸽原料斩件调味后，用鲜荷叶做底，把调好味的鸽件装盘，然后蒸制成熟。其滋味鲜醇，细嫩多汁，融有荷叶的甘美清香，荷香和鸽肉香融为一体，鲜香十足。

二、荷香乳鸽的营养

（1）荷香乳鸽能最大限度地保留乳鸽的营养成分。鲜荷叶我们都不陌生，夏季常见。鲜荷叶有非常不错的药用价值，也是一种常见的食材。

（2）中医学认为，荷叶性平味苦涩，归肝、脾、胃、心经，有清暑利湿、升发清阳、凉血止血等功效。现代研究结果表明，荷叶有降血脂的作用，临床上常用于肥胖症的治疗。

荷香乳鸽

三、适宜人群

适宜一般人群。荷叶乳鸽更适合患有高血压、高血脂和冠心病等心脑血管慢性疾病人群。

第二节 荷香乳鸽的用料

表 6.1 荷香乳鸽的用料及用量

序号	名称	用量	备注
1	乳鸽	1 只（约 300 克）	
2	葱花	5 克	料头
3	姜片	8 克	
4	冬菇	10 克	
5	鲜荷叶	2 张	
6	盐	5 克	调味品
7	鸡精	2 克	
8	花雕酒	8 克	
9	白砂糖	3 克	
10	干淀粉	10 克	
11	香油	1 克	
12	胡椒粉	0.5 克	

第三节　荷香乳鸽的制作工艺及流程

一、制作工艺

初加工 ▶ 切配 ▶ 调味 ▶ 装盘 ▶ 蒸制 ▶ 成熟

二、制作过程

（一）切配

（1）把乳鸽清理干净、斩件。

（2）鲜荷叶剪成直径为 30 厘米的圆形。

（3）把鲜荷叶放进开水中猛火焯至软，取出后用清水漂洗干净。

切配

（二）调味

把调味品和料头放入乳鸽斩件中拌匀，包括盐、鸡精、白砂糖、花雕酒、胡椒粉、姜片、冬菇、干淀粉和香油，依次放入，并拌匀腌制。

调味

（三）装盘、蒸制

（1）把腌制好的乳鸽平铺在有荷叶垫着的小蒸笼或者碟子中。

（2）放进蒸柜中，猛火加热，蒸 12 分钟至熟。

蒸制

（四）再调味

去掉盖在上面的荷叶，撒上葱花，将烧热的香油淋在葱花上，再把荷叶盖上，即可上桌。

再调味

小资料：荷香乳鸽烹饪小窍门

1. 鲜荷叶要先用开水煮软，以除去涩味，最好加入少量的碱水，这样荷叶的青绿色可保持较长时间。

2. 由于盖有另一张荷叶，会影响热传导，所以必须用猛火才能保证乳鸽蒸熟后的光泽度，并且不会泻油，同时，荷叶也能继续保持青绿色。

3. 如果没有盖着的鲜荷叶，则只能用中火加热，才能保证乳鸽肉质嫩滑，熟度一致，而且蒸的时间只需要8分钟。

思考与练习

1. 请问荷香乳鸽烹饪工艺的主要特点是什么？

2. 应该怎样处理荷叶？

第七章 | 淮山炖鸽的育新工艺 |

第一节 炖的工艺

炖是指把经过处理的原料放进炖盅内，加入调味的汤水或沸水，加盖，运用蒸汽长时间加热，制成汤的烹饪方法。炖是一种健康的烹调方式。

通过对炖盅长时间的蒸汽加热，使炖盅内的汤水保持在 100℃，原料受热涨发，各种营养成分溢出，并溶解于汤水之中，使汤水含有原料的精华，汤水香浓、清鲜，肉料软滑，极易吸收，最适宜作为补品享用。

炖汤一般以各类肉料为主，加适量配料或药材。原料可以是原只、原条或碎件。用蒸汽传热加温，使用中火或慢火，加温时间一般需要 1 小时以上。汤水与原材料的比例，以汤水浸过原料表面为原则。炖前调味与炖后调味相结合。汤清、味鲜而香浓，本味突出，肉料软烂。

第二节 淮山炖鸽的特色和营养

一、淮山炖鸽的特色

淮山炖鸽是采用炖的烹调手法，在炖的过程中，使得肉质中的氨基酸与鲜味物质充分溢出，最大限度保留各种营养与抗氧化物质，配料中的淮山与枸杞都是药食同源的食品，经长时间小火炖煮，鸽子肉变得非常软烂，容易消化吸收，此菜品不仅营养丰富，而且味道鲜美。

二、淮山炖鸽的营养

淮山是一味药食同源之品,不仅营养丰富,而且具有很好的健脾功能,其性平,味甘,归脾、肺、肾经。具有补脾养胃,生津益肺,补肾涩精,清热解毒等功效,常吃对人体十分有利。中医认为枸杞味甘,性平,入肝、肾经,具有补气强精、滋补肝肾、抗衰老、止消渴、暖身体的功效。所以,乳鸽搭配淮山、枸杞炖汤,具有健脾养胃、温补肾阳、止咳润肺、补血补气、增强体质等功效。

三、适宜人群

适宜所有人群,尤其适合脾胃虚寒、食欲不佳、身体羸弱的老人和小孩。

淮山炖鸽

第三节　淮山炖鸽的用料

表 7.1　淮山炖鸽的用料及用量

序号	名称	用量	备注
1	鸽子	1 只	
2	鲜淮山	150 克	
3	枸杞	7.5 克	
4	盐	3 克	

（续表）

序号	名称	用量	备注
5	味精	3.5 克	
6	绍酒	10 克	
7	胡椒粉	0.1 克	

第四节　淮山炖鸽制作工艺及流程

一、制作工艺

初加工 ▷ 肉料焯水 ▷ 原料下盅、加汤（水） ▷ 炖制

撇油再调味、封纱纸 ▷ 再次炖制　成品

二、制作流程

1.初加工

将鸽子从背脊至尾部切开，去肺，洗净，腿骨、翅骨敲断。淮山、枸杞洗净，浸泡。

2.肉料焯水

水烧开后，放入鸽子、瘦肉粒焯水，过水清洗，滤干水分。

初加工

3.原料下盅、加汤（水）

（1）将淮山、枸杞、瘦肉粒、鸽子件依次放进炖盅内，姜、葱用牙签串起，放在原料表面。

原料下盅

炖制

上席

（2）水烧开，加入绍酒，调入精盐、味精，倒入炖盅内。

汤水浸过原料表面，加盖。

4. 炖制

炖盅放入蒸笼（蒸柜）内，用中慢火炖约 1.5 小时。

5. 撇油再调味、封纱纸

上菜前取出，去掉姜、葱，撇去浮油。再调味，加盖，封纱纸。

6. 再次炖制

再炖约 10 分钟。原盅上席。

小资料：淮山炖鸽烹饪小窍门

1. 原只鸽子开背，并敲断腿骨和翅骨（也可碎件炖）。

2. 焯水要彻底，并再次过水清洗干净。

3. 汤水一定要浸过原料表面，初次调味要清淡。

4. 炖制时间约 1.5 小时，如火候较弱，可稍微延长时间。炖老鸽则需要 2 小时以上。

思考与练习

烹饪淮山炖鸽的工艺要点有哪些？

第八章 │ 盐焗乳鸽的育新工艺 │

第一节　盐焗的工艺

　　盐焗法是把原料腌制入味，并用盐焗纸包裹，埋放进已加热至滚烫的粗盐内，利用盐的高温，慢慢传热到原料内部，使其变熟的方法。盐焗食品香气浓烈，肉嫩甘香，是粤菜中别有风味的佳肴。

　　焗法是粤菜的烹饪工艺之一，由学习西餐制法演化而来的，在烹饪工艺中比较特殊，加热原理较为复杂。根据不同的加热方式，有不同的机理，如炉焗、盐焗与瓦罐焗、锅上临等。炉焗是以焗炉的热空气、热辐射传热为主，与烤有相同之处，富有西餐制法的特色。盐焗是利用加热至高温的粗盐粒作为传热介质，利用盐粒的高温直接将原料加热至熟。瓦罐焗、锅上焗则是在加盖密封的条件下，利用油、水蒸气的热力，将原料加热至熟。

盐焗法的技法要领

第一 　原料要鲜嫩，以禽类或水产类原料为主，基本没有配料，多为原只（原条）烹制。

第二 　原料焗前要先腌制，使其入味，并用盐焗纸涂抹猪油进行包裹，不能松散，否则，外面的盐会进入原料内。

使用粗海盐，先用铁锅将其炒至滚烫，利用盐的导热性能好、传热快、有独特香味等特点，将原料加热至熟。使用盐焗法时盐量要多，并且加热至滚烫，这样才有足够的热力将原料焗熟。如一次不能使原料焗熟，应将原料取出，再将粗盐重新炒至足够热，再放入原料焗，焗时为了保温，可以在盐面加盖和继续用慢火加热。

第三

第四

传统的盐焗操作方法费时费事，效率低。目前餐饮业采用焗炉烤焗的制法，即将原料腌味包裹后，放入盐盆，埋入粗盐内，用烤箱或焗炉进行烤焗，操作较为简便，火候也容易调节，还能批量生产，只是风味稍逊于传统制法。

盐焗法

第二节　盐焗乳鸽的特色及营养

盐焗乳鸽（斩件）

一、盐焗乳鸽的特色

盐焗乳鸽是采用"盐焗"的烹饪手法，用锡纸包裹乳鸽加热，可以锁住原料中的水分，这也起到浓缩原料鲜味的效果。焗是广东方言中的一个多义词，有烤和锁住香气的意思。

二、盐焗乳鸽的营养

盐焗乳鸽是一种营养价值比较高的食物，含有丰富的蛋白质、维生素、矿物质、氨基酸、卵磷脂等营养成分，适量食用可以为身体补充所需的营养物质，有利于身体的健康。但是，盐焗鸽子含有较高的盐分和脂肪，建议适量食用，并注意饮食均衡。

三、适宜人群

鸽肉适宜所有人群，尤其适合产妇、老年人、儿童及高血压高血脂、糖尿病等慢性病患者。

盐焗乳鸽（整只）

第三节　盐焗乳鸽的用料

表 8.1　盐焗乳鸽的用料及用量

序号	名称	用量	备注
1	乳鸽	1 只	
2	沙姜	50 克	
3	广东米酒	15 克	
4	粗海盐	1 500 克	
5	熟猪油	20 克	也可用鸡油

第四节　盐焗乳鸽制作工艺及流程

一、制作工艺

初加工　腌制　包裹　盐焗　摆盘

二、制作流程

腌制

包裹

盐焗

1. 腌制

把加工好的乳鸽洗净，用厨房纸吸干水分，然后用米酒和沙姜末涂抹鸽身，将剩下的米酒倒入鸽子肚子里，腌制 1 小时。

2. 包裹

（1）用三张专用盐焗纸将乳鸽包裹。

（2）内面的两张专用盐焗纸涂上熟猪油或花生油；一为乳鸽增加香味，二为避免盐焗纸与鸽子的表皮粘连过紧，拆时造成外皮破损。

（3）第三张盐焗纸不需要涂油，避免油脂直接接触到高热的盐时造成油烟。

3. 盐焗

（1）炒盐，使粗盐温度达到 130℃。

（2）铺盐，在瓦锅底部铺 6 厘米厚的粗盐。

（3）放入包好的乳鸽，再倒入 6 厘米厚的粗海盐盖住。

（4）盖上盖子后继续加热，开小火焗 30 分钟左右。

（5）熄火，取出焗熟的乳鸽并撕去纸。

小资料：盐焗乳鸽烹饪小窍门

1.包裹乳鸽时一定要严实。在加热过程中，乳鸽会流出很多汁水，所以一般要包裹三张盐焗纸。

2.盐可重复利用。制作盐焗菜的盐是可以重复利用的。第一次炒盐时，粗盐水分较多，炒时容易四处弹跳，需用锅盖掩护。虽然说盐可以重复利用，但是如果制作盐焗乳鸽过程中有汁水流出，盐使用三次后就应替换掉。

3.炒盐时，最好用砂锅。炒盐过程中，盐里的主要成分氯化钠在加热条件下，对铁锅损害较大，因此最好用砂锅。

4.粗盐一定要炒至烫手才可以下原料。一般而言，当粗盐的温度达到130℃时，方可将原料放入。

5.焗制时，砂锅底部的海盐，要高于6厘米。铺的海盐太浅的话，加热会把包裹的纸烧焦，乳鸽会发黑。

6.乳鸽不大，因此要掌握好时间，避免加热过久，导致表皮变焦，肉质变老。

第五节　摆　盘

盐焗乳鸽可以整只上桌，也可以根据客人要求斩切后摆盘上桌。乳鸽上碟有4块、6块和10块的斩切形式。讲究一些的，应该堆砌成鸽子形状，装饰后上桌。斩切方法与红烧乳鸽的斩切方法相同。

摆盘

思考与练习

1. 盐焗乳鸽的烹饪工艺源自对西餐的哪些借鉴和创新。

2. 育新盐焗乳鸽也有许多创新工艺，请你谈谈烹饪工艺创新的动力是什么？

第三篇
育新乳鸽创新工艺及综合实训

第九章 | 育新乳鸽的新工艺 |

育新乳鸽除红烧乳鸽、清水乳鸽、盐焗乳鸽、荷香乳鸽、淮山炖鸽等招牌菜品外，还有多款新品，比如钵酒焗乳鸽、烧汁煎焗乳鸽、沙参莲子煲鸽等。

第一节 育新钵酒焗乳鸽

育新钵酒焗乳鸽采用"焗"的烹调工艺，对用料做了改变，淋入钵酒，酒的清香融入乳鸽当中，使得鸽肉带有酒的香味，鲜嫩多汁、口感嫩滑。

一、钵酒焗乳鸽的用料

表 9.1 钵酒焗乳鸽的用料及用量

序号	名称	用量	备注
1	乳鸽	2 只	
2	生姜	25 克	
3	葱	25 克	
4	盐	3 克	
5	味精	5 克	
6	白砂糖	2 克	
7	钵酒	50 克	

（续表）

序号	名称	用量	备注
8	生抽	20 克	
9	上汤	200 克	
10	食用油	1 000 克	

二、钵酒焗乳鸽的制作工艺及流程

（一）制作工艺

初加工 ▶ 腌制 ▶ 着色 ▶ 焗制 ▶ 斩件 ▶ 装盘 ▶ 淋汁

（二）制作流程

（1）把乳鸽洗净，控干水分，用生抽涂匀鸽身。

（2）猛火烧锅，下油，加热至150℃时，放入乳鸽，略炸至表面金黄，捞起，滤去油脂。

（3）将砂锅放在煤气炉上，烧至热后，加入食用油，放入姜片、葱条爆香，再加入上汤、乳鸽，调入盐、味精、白砂

钵酒焗乳鸽

糖、钵酒，盖上锅盖，用中慢火焗约20分钟，收汤后取出。将葱条、姜片放于盘底，乳鸽斩件铺在姜、葱上面，砌回鸽形，淋上原汁，放入香菜叶。

小资料：钵酒焗乳鸽烹饪小窍门

1. 要选用肥嫩的乳鸽，保证肉质嫩滑。
2. 加入调味料腌制，加入钵酒。
3. 煎色时要使用中慢火，着色要均匀。
4. 葱的用量要足够，并要求交错放在砂锅内。
5. 焗制时宜用中火，要掌握好原料熟度。

第二节 育新烧汁煎焗乳鸽

育新烧汁煎焗乳鸽采用了"煎焗"的烹饪手法，煎焗时加入料汁，中西结合，赋予乳鸽浓郁的香味，料汁浸入肉质里，不仅鲜嫩可口，而且还具有焦香肉滑的特点，别有一番风味。

一、烧汁煎焗乳鸽的用料

表 9.2　浇汁煎焗乳鸽的用料及用量

序号	名称	用量	备注
1	乳鸽	4 只	
2	生姜	15 克	
3	红葱段	15 克	
4	烧汁	20 克	
5	味精	4 克	
6	白砂糖	5 克	
7	绍酒	15 克	
8	湿淀粉	20 克	
9	胡椒粉	2 克	
10	食用油	500 克	

二、烧汁煎焗乳鸽的制作工艺及流程

（一）制作工艺

初加工 ▷ 切配 ▷ 腌制 ▷ 煎制 ▷ 焗制

（二）制作流程

（1）将乳鸽斩件，洗净，控干水分。

（2）放入小盆内，加入绍酒、烧汁、味精、白砂糖、胡椒粉拌匀，腌制约20分钟。

（3）加入湿淀粉拌匀。

（4）热锅下冷油，将锅端离火位，放入原料，再用慢火煎至表面金黄。

（5）盖上锅盖，端离火位，略焗。

（6）再端回火位，加入姜片、红葱段略翻炒，盖上锅盖，略焗。

（7）从锅边慢慢渗入少许清水，将原料焗熟。

浇汁煎焗乳鸽

小资料：烧汁煎焗乳鸽烹饪小窍门

1. 由于菜品在加热过程中不能调味，因此腌制时间要足够，调味料要适当。

2. 煎制时要使用慢火，时间稍长，将原料煎透，突出焦香味。

3. 焗制时要从锅边加入少许清水，使锅中有足够的水蒸气作为传热媒介，让原料受热均匀，避免出现外焦内生的现象。

第三节　育新沙参莲子煲鸽

育新沙参莲子煲鸽是一道滋阴养气补血之品，采用了"煲"的烹调手法，煲的过程使乳鸽在水中经过长时间慢火加热，各种营养成分充分溶解在汤水中，而鸽肉也变得软稔、味道鲜美、香甜、浓郁，滋润而不燥热，易于吸收，有保健、食疗之功效。

一、沙参莲子煲鸽的用料

表 9.3　沙参莲子煲鸽的用料及用量

序号	名称	用量	备注
1	乳鸽	4 只	
2	沙参	15 克	
3	莲子	15 克	
4	去核红枣	5 克	
5	枸杞	5 克	
6	瘦肉	200 克	
7	清水	4 000 克	
8	生姜	15 克	
9	盐	5 克	
10	鸡精	2 克	

二、沙参莲子煲鸽的制作工艺及流程

（一）制作工艺

初加工 ▶ 切配 ▶ 焯水 ▶ 煲制 ▶ 调味

沙参莲子煲鸽

（二）制作流程

（1）先将鸽子尾部切去，在背部切开，把腿骨用刀背敲断（也可以把鸽斩成大方块）。

（2）将瘦肉切成大方粒，洗净原料。

（3）把鸽子、瘦肉放进开水中焯水，再用清水洗干净。

（4）把配料放进瓦汤煲中，然后放入整只鸽子，加入清水。

（5）用猛火加热至汤水沸腾，改用中火加热 15 分钟，再转用慢火加热 2 小时。

（6）把汤水表面的油脂和浮沫去掉，再取出老姜片、瘦肉粒等汤料，加入盐、鸡精调味。

小资料：沙参莲子煲鸽烹饪小窍门

1. 若是用一只整鸽，最好做成汤后保持它的完整性，行业习惯在背部斩开鸽身（便于煲汤出味），但不开胸。

2. 鸽汤制成后，为了显示汤水的名贵，上菜时，一般都会把汤料取出，放在盘中，再端给客人。

3. 老鸽肉质结实且韧性大，所以煲汤的时间必须足够，才能使营养物质充分融入汤水中。

思考与练习

1. 请谈谈你对育新乳鸽新品改进的建议。

2. 育新乳鸽新品对你研制新菜有什么启发？

第十章 | 育新乳鸽创新烹饪工艺及综合实训 |

　　经过一学年的学习和实训，同学们已经学到了基本的乳鸽烹饪知识和技能，本章是对一学年学业的一次综合实训和水平测试，希望同学们能总结对烹饪的理解，梳理对乳鸽烹饪工艺的掌握，理解工匠精神在烹饪工作中的体现，并以此作为本课程的最终评价。

　　精美菜肴的本质是能与客人交流的艺术品，烹饪师用技术和情感给菜肴灌注了生命与美感。一份好的菜肴，客人吃下去，能感到非常舒服，并意犹未尽。

小资料

菜肴之美——给精美菜肴的画像

颜色是皮肤：色调匀称，色彩自然，色泽靓丽。

香气是呼吸：香气宜人，菜会呼吸，飘逸醇香。

味道是灵魂：味感丰富，神韵所在，品质所在。

名称是代码：具诱惑力，印象深刻，菜如其名。

形态是身姿：形态自然，造型优美，浑然天成。

温度是气脉：热菜烫且持续，冷菜凉而不冰，诱人食欲。

盛器是衣服：人靠衣装，菜靠盘装，恰如其分。

思考与练习

1. 请绘制一种乳鸽菜品的制作工艺思维导图并罗列出工艺要点。

2. 请谈谈你对烹饪师工作的理解。

请拍摄你最终的作品，并粘贴在这里，以兹纪念。

附 录

附录一：教学模块与情景教学

学习领域	教学模块	情景教学				
学习领域1	基础知识和技术应用	情景1：认识乳鸽及烹饪工艺	情景2：乳鸽烹饪的职业要求与食品安全管理	情景3：乳鸽烹饪的基本功		
学习领域2	育新乳鸽烹饪工艺	情景4：红烧乳鸽的育新工艺	情景5：清水乳鸽的育新工艺	情景6：荷香乳鸽的育新工艺	情景7：淮山炖鸽的育新工艺	情景8：盐焗乳鸽的育新工艺
学习领域3	育新乳鸽创新工艺及综合实训	情景9：育新乳鸽的新工艺	情景10：育新乳鸽烹饪工艺综合实训			

附录二：课程内容及情景设计

课程内容及情景设计		
序号	课程内容	情景描述
1~3	基础知识和技术应用	1.项目任务：认识乳鸽的习性、营养价值。了解乳鸽加工工艺的发展演变，认识乳鸽加工过程中常用的厨具，配料。学习食品行业从业人员的职业道德规范，内化于心。 2.知识点：乳鸽的生长过程，营养价值，配料的识别选用，安全使用厨具。 3.实操要点：能够识别食材和配料的优劣，学习使用各种厨具，各种工作有序开展，逐步建立良好的职业习惯
4~8	育新乳鸽烹饪工艺	1.项目任务：熟悉各种加工工艺的特点和技术要领，食材搭配，调味调料，烹饪技术，以及育新乳鸽的新工艺和可能的创新路径。 2.知识点：不同加工工艺的技术要领，调味调料的制作秘诀，烹饪技术特色，中西菜肴烹饪创新知识及创新路径。 3.实操要点：掌握不同烹饪工艺的技术要领，熟练掌握，并逐步达到形色香味俱佳的状态
9~10	育新乳鸽创新工艺及综合实训	1.项目任务：探索育新乳鸽的新工艺，以及可能的创新路径。 2.知识点：科学配料，中西菜肴烹饪创新知识及创新路径。 3.实操要点：参考借鉴中西菜肴的加工工艺，丰富育新乳鸽的烹饪工艺

附录三：粤菜常用行业术语

一、岗位篇

序号	名称	说明
1	总厨	也称厨师长，俗称老大、大佬（粤语），负责整个厨房的日常管理
2	炉头	也称候镬，站第一炒炉的叫头镬，站第二炒炉叫二镬，依次类推。头镬指餐饮店或酒店中炒镬厨师的组长
3	砧板	第一砧板位称为头砧，不仅要切菜和配菜，在厨房里还起到管理的作用
4	上什	"什"字音"杂"，广东方言，除闽粤一带，其余诸地多称其为"蒸锅"或"笼锅"，负责扣、熬、炖、煲等菜品的制作，以及鲍鱼、海参等干货的泡发
5	打荷	负责将切好配好的原料摆放在荷台上供炉火师傅使用，协助厨师制作造型，并指挥上菜秩序
6	水台	要负责宰杀各类动物并做初步加工
7	烧腊	负责餐厅烧烤、卤菜、腊味的制作
8	点心部长	负责点心房的日常工作和全面技术管理，食品质量检查和监督，以及指挥出品现场
9	拌馅	负责切配、拌制各种生熟馅，按要求做好各种馅料
10	煎炸	负责以煎炸的方法将点心加工制熟
11	熟笼	负责蒸各种包点、饺类、糕点和半制成品，保证点心供应
12	传菜员	负责菜品的传送工作，厨房出菜时，及时传递至用餐食客桌上，回答食客各种要求并负责落实

二、器具篇

序号	名称	说明
1	镬	镬又称鼎，是古代煮食物的大型铜器之一
2	炒炉	炒炉是节能高效的一种工具，可替代完成传统炉具的煎、炒、炸、煮、蒸、炖、焖、扒等各类烹调功能
3	烧烤炉	烧烤炉是一种烧烤设备，可以用来做羊肉串、烤肉等烧烤食品。烧烤炉可以分为炭烧烤炉、气烤炉和电烤炉3种

（续表）

序号	名称	说明
4	蒸柜	蒸柜是一种将燃气燃烧能或者电磁能转变为热能产生蒸汽加热食品的设备
5	镬铲	镬铲同"锅铲"，炒菜时用以翻拨原料
6	疏壳	疏壳同"漏壳"或"漏勺"，勺子形状，中间有很多小孔
7	笊篱	笊篱是一种烹饪器具，用竹篾、柳条、铁丝等编成，像漏勺一样，有眼儿。烹饪时，用来捞取食物，使被捞的食品与汤、油分离
8	油盆	厨房用来盛食用油的器具
9	汤煲	盛汤的器皿或烧汤的工具
10	砂煲	砂煲是一种用于熬、炖、焖、煮、煲等慢火烹调食物的一种易清洗的陶质器具
11	炖盅	一种常用的器具，可用来炖汤等
12	砧板	砧板指的是当捶、切、剁东西时，垫在底下的器物，一般用在烹调上
13	荷台	荷台是一种用于切菜、配菜，以及作为烹制菜肴前物品放置的工作台
14	片刀	片刀是一种轻巧的、用于切片的刀具
15	骨刀	骨刀是用于斩硬骨的刀具
16	文武刀	文武刀是用于斩较脆的骨及切较厚的肉的刀具
17	码兜	酒店后厨用品之一，材质多为不锈钢，形状似斗，上大下小，壁薄。因为可以码放在一起，故称为"码兜"

三、食材篇

序号	名称	说明
1	凉瓜	又称苦瓜，原产于东印度，广泛栽培于热带和温带地区
2	蟹黄	又称红梅、牡丹、珊瑚
3	鸡蛋	又称凤凰，如凤凰粟米羹等
4	鸡	又称凤，如金华凤吞翅、龙凤呈祥等

（续表）

序号	名称	说明
5	鸽	又称鹊，如喜鹊迎新巢、鹊浴瑶池
6	虾胶	又称百花，如百花酿鱼肚、锦绣百花球
7	蟹钳	又称虎爪，如虎爪珊瑚翅
8	金银鸳鸯	由两种原料或两种颜色合拼，如金银馒头、碧绿鸳鸯鱿
9	北菇	又称金钱，如玉树挂金钱、满地金钱
10	生菜	又称生财，如生财好市大利
11	菜心	又称碧绿、玉树，如碧绿鲈鱼球、金华玉树鸡
12	西蓝花	又称翡翠、碧绿，如翡翠花枝玉带
13	鸡肝	又称凤肝，如生炒凤肝鸽片
14	芥蓝	又称玉兰，如玉兰双宝
15	带子	又称玉带或太子，如龙皇迎太子、玉带花姿
16	榆耳	又称如意，如如意鸳鸯
17	百合	如百年好合
18	莲子	如连生贵子
19	瑶柱	又称跳柱、金瑶，如金瑶烩鱼肚
20	蚝豉	又称好市、富豪等，如坐上皆富豪
21	白果	银杏果，又称福果
22	木瓜	又称万寿果、福寿果、番木瓜

四、工艺篇

序号	名称	说明
1	蒸	广义蒸法指使用高温水蒸气对原料进行加热的多种技法（蒸、炖、扣）的总称
2	灼	将加工好的生料或细薄小的原料投放入猛火烧滚的汤水中，短时间内迅速加热至熟而成菜的烹调技法

（续表）

序号	名称	说明
3	扒	将两种或两种以上的原料，按照性质不同分别烹调加工，然后按烹制先后层次摆砌上碟造型而成一道热菜的烹调技法
4	炖	经处理的原料放入炖盅内，加入汤水、调料，加盖密封，置于蒸笼（柜）内，运用蒸汽长时间加热成汤菜
5	烩	特指烩羹，将切配细、薄的多种小型原料经初步热处理后，放入一定量的汤水内调味，微滚推入芡粉而成的香鲜柔滑的羹汤
6	扣	把经处理的原料整齐拼砌在扣碗内，运用蒸汽加热至熟或软稔，然后覆盖在碟（窝中），淋上原汁芡（原汤）而成热菜的烹调技法
7	煀	将加工后的原料经煎、炸或拉油处理增香，上色，放入铁镬或瓦罉内，加入汤水，调味，运用中火或中慢火加热至熟透或稔滑而成菜
8	卤	将加工好的原料或预制的半成品、熟料放入已调制的卤水汁内加热，使卤水汁的香、味、色渗入原料内而成菜
9	烧	将加工处理并腌制入味的肉料置于烧烤炉具内，使用暗火或明火所产生的热辐射，进行加热至熟成菜的烹调技法
10	焗	将原料腌制后或经特殊的处理，使用密闭的加热方式对原料进行特定的加热，促使原料受热而自身水分汽化，由生至熟而成为热菜的烹调技法
11	焖	碎件的原料经拉油或爆炒、炸、煲熟后，放入有少量油的热锅中爆香，加入适量汤水并调味，加盖，运用中火或中慢火加热至熟透或软稔，留少量原汁打芡而成菜的烹调技法
12	炒	将经加工成较细小的原料放在有少许油的热锅中，运用猛火加热并不断翻动，使原料均匀受热而熟并调味成菜的烹调技法的总称
13	软炒	以蛋液、牛奶等为主料，配以一些无骨的肉料或细薄脆嫩的原料，中火加热，炒成柔软嫩滑、凝结至熟的菜肴
14	油泡	将加工成形状较小的净肉原料，经腌制或上薄粉浆，用热油加热至刚熟后，重新回锅调味，打芡成热菜的烹调技法
15	炸	将经过处理的原料（包括刀工、腌制、上浆、上粉、熟料预制等）放入较多量的热油中，利用不同的油温和加热时间，使原料至熟，并具有一定色泽和香、酥、脆等质感，一次成菜的烹调技法
16	浸	指把整件或大件的生肉料浸没在热的液体中，令其慢慢受热至熟，上碟后经调味而成一道热菜的方法

（续表）

序号	名称	说明
17	煎	把加工好的原料平放在有少量油的热锅中，用中慢火均匀加热，使原料表面呈金黄色并有芬芳香味而成菜的烹调技法
18	滚	将生料放在适量滚沸的汤水中，经加热和调味制成汤菜的方法
19	煲	指煲汤，是将原料和清水放进瓦汤煲内，用中慢火长时间加热，经过调味，制成汤水香浓、味道鲜美、汤料软稔的汤菜的烹调方法
20	熬	指熬汤，是将一定数量比例的原料和清水经长时间慢火加热，使原料充分溶解在水中，成为味鲜美而香浓的汤水的烹调方法
21	氽	主料焯水或蒸熟，辅料滚煨或焯水后，一起放在汤锅内摆砌造型，然后淋上调好味并加热至微沸的上汤，制成一道汤菜的烹调方法
22	煮	将原料或经初步熟处理的半成品放在多量的汤汁或汤水中，先用猛火烧开，再转中火或慢火加热，经调味成为一道带汤汁的热菜的方法
23	煨	将需增加滋味的原料与提供滋味的原料一起放入加热容器内，加入汤水和调味品，运用中慢火较长时间加热，使需增加滋味的原料在加热过程中吸收汤汁中的滋味而丰富本身滋味的烹调方法

附录四：《中华人民共和国食品安全法》摘录及解读

一、《中华人民共和国食品安全法》摘录

第四章　食品生产经营

第一节　一般规定

第三十三条　食品生产经营应当符合食品安全标准，并符合下列要求：

（一）具有与生产经营的食品品种、数量相适应的食品原料处理和食品加工、包装、贮存等场所，保持该场所环境整洁，并与有毒、有害场所以及其他污染源保持规定的距离。

（二）具有与生产经营的食品品种、数量相适应的生产经营设备或者设施，有相应的消毒、更衣、盥洗、采光、照明、通风、防腐、防尘、防蝇、防鼠、防虫、洗涤以及处理废水、存放垃圾和废弃物的设备或者设施。

（三）有专职或者兼职的食品安全专业技术人员、食品安全管理人员和保证食品安全的规章制度。

（四）具有合理的设备布局和工艺流程，防止待加工食品与直接入口食品、原料与成品交叉污染，避免食品接触有毒物、不洁物。

（五）餐具、饮具和盛放直接入口食品的容器，使用前应当洗净、消毒，炊具、用具用后应当洗净，保持清洁。

（六）贮存、运输和装卸食品的容器、工具和设备应当安全、无害，保持清洁，防止食品污染，并符合保证食品安全所需的温度、湿度等特殊要求，不得将食品与有毒、有害物品一同贮存、运输。

（七）直接入口的食品应当使用无毒、清洁的包装材料、餐具、饮具和容器。

（八）食品生产经营人员应当保持个人卫生，生产经营食品时，应当将手洗净，穿戴清洁的工作衣、帽等；销售无包装的直接入口食品时，应当使用无毒、清洁的容器、售货工具和设备。

（九）用水应当符合国家规定的生活饮用水卫生标准。

（十）使用的洗涤剂、消毒剂应当对人体安全、无害。

（十一）法律、法规规定的其他要求。

非食品生产经营者从事食品贮存、运输和装卸的，应当符合前款第六项的规定。

第三十四条　禁止生产经营下列食品、食品添加剂、食品相关产品：

（一）用非食品原料生产的食品或者添加食品添加剂以外的化学物质和其他可能危害人体健康物质的食品，或者用回收食品作为原料生产的食品。

（二）致病性微生物，农药残留、兽药残留、生物毒素、重金属等污染物质以及其他危害人体健康的物质含量超过食品安全标准限量的食品、食品添加剂、食品相关产品。

（三）用超过保质期的食品原料、食品添加剂生产的食品、食品添加剂。

（四）超范围、超限量使用食品添加剂的食品。

（五）营养成分不符合食品安全标准的专供婴幼儿和其他特定人群的主辅食品。

（六）腐败变质、油脂酸败、霉变生虫、污秽不洁、混有异物、掺假掺杂或者感官性状异常的食品、食品添加剂。

（七）病死、毒死或者死因不明的禽、畜、兽、水产动物肉类及其制品。

（八）未按规定进行检疫或者检疫不合格的肉类，或者未经检验或者检验不合格的肉类制品。

（九）被包装材料、容器、运输工具等污染的食品、食品添加剂。

（十）标注虚假生产日期、保质期或者超过保质期的食品、食品添加剂。

（十一）无标签的预包装食品、食品添加剂。

（十二）国家为防病等特殊需要明令禁止生产经营的食品。

（十三）其他不符合法律、法规或者食品安全标准的食品、食品添加剂、食品相关产品。

第三十五条 国家对食品生产经营实行许可制度。从事食品生产、食品销售、餐饮服务，应当依法取得许可。但是，销售食用农产品，不需要取得许可。

第三十六条 食品生产加工小作坊和食品摊贩等从事食品生产经营活动，应当符合本法规定的与其生产经营规模、条件相适应的食品安全要求，保证所生产经营的食品卫生、无毒、无害，食品药品监督管理部门应当对其加强监督管理。

第四十一条 生产食品相关产品应当符合法律、法规和食品安全国家标准，对直接接触食品的包装材料等具有较高风险的食品相关产品，按照国家有关工业产品生产许可证管理的规定实施生产许可。质量监督部门应当加强对食品相关产品生产活动的监督管理。

第四十二条 国家建立食品安全全程追溯制度。食品生产经营者应当依照本法的规定，建立食品安全追溯体系，保证食品可追溯。国家鼓励食品生产经营者采用信息化手段采集、留存生产经营信息，建立食品安全追溯体系。国务院食品药品监督管理部门会同国务院农业行政等有关部门建立食品安全全程追溯协作机制。

第二节　生产经营过程控制

第四十四条 食品生产经营企业应当建立健全食品安全管理制度，对职工进行食品安全知识培训，加强食品检验工作，依法从事生产经营活动。

第四十五条 食品生产经营者应当建立并执行从业人员健康管理制度。患有国务院卫生行政部门规定的有碍食品安全疾病的人员，不得从事接触直接入口食品的工作。

从事接触直接入口食品工作的食品生产经营人员应当每年进行健康检查，

取得健康证明后方可上岗工作。

第四十六条 食品生产企业应当就下列事项制定并实施控制要求，保证所生产的食品符合食品安全标准：

（一）原料采购、原料验收、投料等原料控制。

（二）生产工序、设备、贮存、包装等生产关键环节控制。

（三）原料检验、半成品检验、成品出厂检验等检验控制。

（四）运输和交付控制。

第四十七条 食品生产经营者应当建立食品安全自查制度，定期对食品安全状况进行检查评价。生产经营条件发生变化，不再符合食品安全要求的，食品生产经营者应当立即采取整改措施；有发生食品安全事故潜在风险的，应当立即停止食品生产经营活动，并向所在地县级人民政府食品药品监督管理部门报告。

第四十八条 国家鼓励食品生产经营企业符合良好生产规范要求，实施危害分析与关键控制点体系，提高食品安全管理水平。

第四十九条 食用农产品生产者应当按照食品安全标准和国家有关规定使用农药、肥料、兽药、饲料和饲料添加剂等农业投入品，严格执行农业投入品使用安全间隔期或者休药期的规定，不得使用国家明令禁止的农业投入品。禁止将剧毒、高毒农药用于蔬菜、瓜果、茶叶和中草药材等国家规定的农作物。

第五十条 食品生产者采购食品原料、食品添加剂、食品相关产品，应当查验供货者的许可证和产品合格证明；对无法提供合格证明的食品原料，应当按照食品安全标准进行检验；不得采购或者使用不符合食品安全标准的食品原料、食品添加剂、食品相关产品。

食品生产企业应当建立食品原料、食品添加剂、食品相关产品进货查验记录制度，如实记录食品原料、食品添加剂、食品相关产品的名称、规格、数量、生产日期或者生产批号、保质期、进货日期，以及供货者名称、地址、联系方式等内容，并保存相关凭证。记录和凭证保存期限不得少于产品保质期满后六个月；没有明确保质期的，保存期限不得少于二年。

第五十五条 餐饮服务提供者应当制定并实施原料控制要求，不得采购不符合食品安全标准的食品原料。倡导餐饮服务提供者公开加工过程，公示食品原料及其来源等信息。

餐饮服务提供者在加工过程中应当检查待加工的食品及原料，发现有本法第三十四条第六项规定情形的，不得加工或者使用。

第五十六条 餐饮服务提供者应当定期维护食品加工、贮存、陈列等设施、设备；定期清洗、校验保温设施及冷藏、冷冻设施。

餐饮服务提供者应当按照要求对餐具、饮具进行清洗消毒，不得使用未经清洗消毒的餐具、饮具；餐饮服务提供者委托清洗消毒餐具、饮具的，应当委托符合本法规定条件的餐具、饮具集中消毒服务单位。

第五十七条 学校、托幼机构、养老机构、建筑工地等集中用餐单位的食堂应当严格遵守法律、法规和食品安全标准；从供餐单位订餐的，应当从取得食品生产经营许可的企业订购，并按照要求对订购的食品进行查验。供餐单位应当严格遵守法律、法规和食品安全标准，当餐加工，确保食品安全。

学校、托幼机构、养老机构、建筑工地等集中用餐单位的主管部门应当加强对集中用餐单位的食品安全教育和日常管理，降低食品安全风险，及时消除食品安全隐患。

第五十八条 餐具、饮具集中消毒服务单位应当具备相应的作业场所、清洗消毒设备或者设施，用水和使用的洗涤剂、消毒剂应当符合相关食品安全国家标准和其他国家标准、卫生规范。

餐具、饮具集中消毒务单位应当对消毒餐具、饮具进行逐批检验，检验合格后方可出厂，并应当随附消毒合格证明。消毒后的餐具、饮具应当在独立包装上标注单位名称、地址、联系方式、消毒日期以及使用期限等内容。

第六十六条 进入市场销售的食用农产品在包装、保鲜、贮存、运输中使用保鲜剂、防腐剂等食品添加剂和包装材料等食品相关产品，应当符合食品安全国家标准。

二、《中华人民共和国食品安全法》解读

1. 餐饮业相关条款释义

1）食品安全监管体制的规定。

《中华人民共和国食品安全法》总则第五条规定：国务院设立食品安全委员会，其职责由国务院规定。国务院食品药品监督管理部门依照本法和国务院规定的职责，对食品生产经营活动实施监督管理。国务院卫生行政部门依照本法和国务院规定的职责，组织开展食品安全风险监测和风险评估，会同国务院

食品药品监督管理部门制定并公布食品安全国家标准。国务院其他有关部门依照本法和国务院规定的职责，承担有关食品安全工作。

食品安全监管体制是指国家对食品安全实施监督管理采取的组织形式和基本制度，使国家有关食品安全的法律、法规和方针、政策得以落实。

根据本条规定，国务院卫生行政部门主要在以下几方面承担食品安全综合协调职责：第一，食品安全风险评估。第二，食品安全标准的制定。第三，食品安全信息的公布。第四，食品检验机构的资质认定条件和检验规程的制定。第五，组织查处食品安全重大事故。第六，其他需要国务院卫生行政部门承担综合协调职责的事项，例如，国务院食品安全委员会交办的食品安全综合协调事项。

其中第五点，食品安全重大事故涉及人数较多的群体性食物中毒或者出现死亡病例，往往会对公众健康和社会稳定造成严重损害和恶劣影响，因此建立健全应对重大食品安全事故的救助体系和运行机制，协调各食品安全监督管理部门的食品安全事故查处工作，有效预防、积极应对、及时控制食品安全重大事故，最大限度地减少食品安全重大事故的危害，保障公众身体健康与生命安全，维护正常的社会秩序，是负责食品安全综合协调的国务院卫生行政部门的重要职责。

2）食品安全法及其实施条例对餐饮服务业的要求。

（1）规定"取得餐饮服务许可证"是从事餐饮经营的基本资格。

依照《中华人民共和国食品安全法》规定，凡是从事餐饮服务的单位或个人必须先取得食品药品监督管理部门颁发的《餐饮服务许可证》，方可向工商行政管理部门申请登记，办理《营业执照》，未取得《营业执照》者不得从事餐饮服务。

（2）明确了餐饮服务单位食品安全直接相关的具体规定。包括：

a. 食品安全管理：建立食品安全管理制度、从业人员食品安全知识培训、配备专职或兼职食品安全管理人员等。

b. 食品采购和贮存：餐饮经营活动中必须遵守国家食品安全相关法律法规进行食品及其原料的采购和贮存，为下一步的加工经营活动提供合格、新鲜、品质良好的食品原料及配料，保障食品安全。

c. 食品加工过程的食品安全要求：从原料处理到提供食品给消费者就餐的

全过程，规范全过程设施、设备和食品操作人员的卫生行为规范，其中，除了对食品原料的检查和处理卫生要求外，还对冷（凉）菜食品的制作做出了更严格的要求。

d. 餐具的卫生要求：对餐具的严格清洗、消毒以及保洁存放和餐厅服务中餐具的摆台等，做出了具体规定。

e. 餐厅服务和外卖的食品安全要求：这是餐饮服务食品安全的最终把关环节。

f. 餐饮服务使用食品添加剂的食品安全要求：餐饮服务从业人员需要了解掌握食品添加剂的知识，合理规范使用食品添加剂，避免食品安全事故发生。

g. 规定了保证食品安全必须满足的量化指标。

2. 相关新规解读

（1）瓜果蔬菜禁用剧毒高毒农药。

新规：剧毒、高毒农药不得用于蔬菜、瓜果、茶叶和中草药材。鼓励和支持使用高效低毒低残留农药，加快淘汰剧毒、高毒农药。

解读：在此前的第二次审议中，有部分常委会组成人员建议明确全面淘汰剧毒、高毒农药。但由于全面淘汰剧毒、高毒农药尚不可行，全国人大法律委员研究提出，当前应当加强对剧毒、高毒农药使用环节的管理，同时加快有关替代产品的研发推广。

（2）销售食用农产品不需取得许可。

新规：销售食用农产品，不需要取得许可。销售食用农产品的批发市场应对其抽样检验。

解读：从事食品销售，应当依法取得许可。但农民出售其自产的食用农产品，不需取得许可。对此，三审稿结合社会公众及相关部门反馈，将"农民个人销售其自产的食用农产品，不需要取得许可"，修改为"销售食用农产品，不需要取得许可"。

（3）填补网购食品盲区。

消费者网购食品受侵害，网购平台提供者不能提供入网食品经营者的真实名称、地址和有效联系方式的，由平台提供者赔偿。